2026
최신판
최신개정법령 출제기준

JN412869

▶유튜버 **박래호**

택시운전 자격증

전국 지역 공용(지리 : 서울/경기/인천)

족집게 시험 문제집

하루만에 합격하는
초단기 <u>합격비법서</u> ☆☆

▶ **유튜브 박래호tv로 방송되는 문제집**

＋ 출제 비중 높은 필수 **핵심이론 요약**

＋ 한번에 합격하는 **모의고사 3회분 수록**

유튜브 박래호tv
바로가기

교통사고분석감정원 원장 **박래호** 편저

머리글 preface

Taxi Driver License Examination

택시 운수종사자 자격시험 문제집을 펴내며...

택시는 육운업계의 일익을 담당하며 시민의 발이 되어 국민에게 기여하는 대중교통수단의 으뜸으로서 그 역할은 지대하다고 볼 수 있습니다. 이에 따라 택시 운수종사자의 자질함양과 교통사고 예방은 물론 택시 운수종사자의 권익과 복지 및 여객운송을 통하여 질 좋은 서비스로 시민의 원활한 교통을 위해 택시 운수종사자 자격제도가 마련되었습니다.

최근에 법인택시는 물론 개인택시 등 택시운수업계에 새롭게 진출하고자 하는 자와 택시 운전자라는 직업군에 진입하고자 하는 많은 분들이 택시 운수종사자 자격증에 도전하고 있는 현실입니다.

그러나 택시 운수종사자 자격을 취득하고자 하나 시험에 출제되는 출제 경향을 잘 몰라 어려움을 겪고 있기에 출제 경향에 맞는 출제과목별 키포인트 요점정리와 시험에 출제되었던 기출문제와 시험에 출제될 수 있는 예상문제를 상세하게 편재하고, 최근 시험에 출제되는 경향에 맞추어 모의고사를 게재하여 수험자 스스로 시험대비를 할 수 있도록 구성하여 본 교재를 통해 쉽게 시험에 합격할 수 있도록 출간하였습니다.

본 교재는 시험과목인 교통 및 여객자동차운수사업 관련법규를 비롯하여 안전운행 및 운송서비스, 지리에 관한 4과목에 대한 주요 요점 정리와 각 과목별 기출문제와 출제예상문제를 수록하여 수험생들께서 쉽게 이해되도록 정리하여 시험에 무난히 합격하도록 편집하였습니다.

한편 택시 운수종사자는 사업구역이 지역으로 정해져 있는바 수험생이 운전(영업)하고자 하는 지역을 선택하여 지리 시험과목을 치루도록 되어 있어 본 교재의 지리 과목편은 서울, 경기, 인천지역에 대한 요점정리와 이에 따른 기출문제와 예상문제를 수록하였습니다.

타 지역에서 운전하고자 하는 수험생께서는 교통 및 화물자동차운수사업 관련법규, 안전운행 및 운송서비스 과목은 출제 경향이 전국 모두 동일하므로 본 교재로 공부하시면 충분히 합격하실 수 있을 것으로 봅니다.

또한 본 교재를 중심으로 유튜브 〈박래호tv〉방송을 통해 요약정리 및 문제풀이를 상세히 강좌를 하고 있으므로 수험자 여러분께서는 일석이조로 합격의 지름길로 갈 수 있을 것으로 생각됩니다.

택시 운수종사자 자격증 시험을 준비하시는 모든 분들이 택시 운수종사자 자격시험 총정리문제집인 본 교재와 유튜브 〈박래호TV〉 방송 강좌를 통해 합격의 영광이 있기를 기원합니다.

본 교재가 출간되도록 많은 자료들을 제공하여 주신 관련 교수님들과 본 교재가 수험생 여러분 앞으로 갈 수 있도록 지원해 주신 도서출판 '인성재단'의 노고에 깊은 감사를 드립니다.

끝으로 본 교재가 택시 운수종사자 자격증 시험에 도전하시는 수험생들이 빠르고 쉽게 자격증을 취득하는데 그 역할을 다 하기를 바랍니다.

수험생 여러분!
본 교재를 통해 한방에 합격하시기를 응원합니다.
감사합니다.

저자 · 교통사고분석감정원 원장

박 래 호

가이드 guide
Taxi Driver License Examination

① 택시운전 자격시험 응시자격

1) 운전면허 : 1종 및 제2종 보통 운전면허 이상 소지자

2) 연령 : 만 20세 이상

3) 운전경력기준 : 2종 보통 이상의 운전경력 1년 이상(2종 소형, 원동기 면허 보유기간은 제외)

4) 운전적성정밀검사 규정에 따른 신규검사 기준에 적합한 사람(시험 접수일 기준)

5) 여객자동차운수사업법 제 24조 제 3항 및 제 4항의 결격사유에 해당하지 않는 사람

6) 택시운전자격이 취소된 날로부터 1년이 지나지 아니한 사람

② 자격취득 절차

응시조건 및 시험일정 확인	→	시험접수	→	시험응시	→	자격증 교부

③ 시행 방법

1) 시험 방법 : CBT

2) 시험 시간 : 80분

1회차	2회차	3회차	4회차
09:20 ~ 10:40	11:00 ~ 12:20	14:00 ~ 15:20	16:00 ~ 17:20

* 지역별 수요에 따라 회차별은 변경될 수 있음

④ 시험과목 및 합격기준

시험과목	출제문항	합격기준
교통 및 여객자동차 운수사업 법규	20문항	총점 100점 중 60점 (총 80문제 중 48문제) 이상 획득 시 합격
안전운행요령	20문항	
운송서비스	20문항	
지리	20문항	

⑤ 시험접수

1) 인터넷 접수 / 방문 접수(전국 18개 자격시험장)
2) 응시수수료 : 11,500원

목차 contents
Taxi Driver License Examination

Chapter 03 | 안전운행

Chapter 04 | 운송 서비스

Chapter 01

교통관련법규

제1장 도로교통법

제1절 총칙

(1) 제정 목적(법 제1조)

도로에서 일어나는 교통상의 모든 위험과 장해를 방지하고 제거하여 안전하고 원활한 교통을 확보함을 목적으로 한다.

제2절 총칙

(1) 도로

1) 「도로법」에 따른 도로

ㄱ. 고속국도

ㄴ. 일반국도

ㄷ. 특별(광역)시도

ㄹ. 지방도

ㅁ. 시도, 군도, 구도

2) 「유료도로법」에 따른 유료도로(민자도로)

"유료도로"라 함은 이 법 또는 「사회기반시설에 대한 민간투자법」 제26조 사회기반시설의관리 운영 법의 규정에 따라 통행료 또는 사용료를 받는 도로를 말한다.

3) 「농어촌도로 정비법」에 따른 농어촌도로

"농어촌도로"란 「도로법」에 규정되지 아니한 도로(읍 또는 면 지역의 도로만 해당한다)로서 농어촌지역 주민의 교통편익 및 생산 유통활동 등에 공용되는 공로 중 면도·리도·농도로 군수가 기본계획을 수립 시·도지사의 승인을 받아 고시한 도로를 말한다.

ㄱ. 면도: 「도로법」에 따른 군도 및 그 상위 등급의 도로와 연결되는 읍·면 지역의 기간도로

ㄴ. 리도: 군도 이상의 도로 및 면도와 갈라져 마을 간이나 주요 산업단지 등과 연결되는 도로

ㄷ. 농도: 경작지 등과 연결되어 농어민의 생산 활동에 직접 공용되는 도로

4) ㄱ 밖에 현실적으로 불특정 다수의 사람 또는 차마(車馬)가 통행할 수 있도록 공개된 장소로서 안전하고 원활한 교통을 확보할 필요가 있는 장소(광장주차장, 공원, 부두 등)

5) 각종 법률에 규정되어 있는 도로는 모두 도로교통법이 적용된다.

6) 법률상으로 규정된 도로가 아니더라도 현실적으로 불특정 다수의 사람 또는 차마의 통행을 위하여 공개된 장소도 도로로 인정된다.

7) 도로란 차도, 보도, 자전거도로, 측도, 터널, 교량, 육교 등 대통령령으로 정하는 시설로 구성된 것으로서, 도로의 부속물도 모두 포함한다.

　※ 도로의 분류
　① **도로법 분류** : 고속국도, 일반국도, 특별시도, 광역시도, 지방도, 시도, 군도, 구도
　② **사용 및 형태별 분류** : 보행자전용도로, 자전거 전용도로, 자동차전용도로, 일반도로, 지하도로, 고가도로
　③ **기능별 분류** : 고속도로, 주간선도로, 보조간선도로, 집산도로, 국지도로, 특수도로

(2) 자동차전용도로

자동차만 다닐 수 있도록 설치된 도로를 말한다.

(3) 고속도로

자동차의 고속 운행에만 사용하기 위하여 지정된 도로를 말한다(고속도로 또는 자동차전용도로).

(4) 차도(道)

1) **연석선** : 차도와 보도를 구분하는 돌 등으로 이어진 선(안전표지 또는 그와 비슷한 인공구조물을 이용하여 경계(境界)를 표시하여 모든 차가 통행할 수 있도록 설치된 도로의 부분)

(5) 중앙선

차마의 통행 방향을 명확하게 구분하기 위하여 도로에 황색 실선(實線)이나 황색 점선 등의 안전표지로 표시한 선 또는 중앙분리대나 울타리 등으로 설치한 시설물을 말한다. 가변차로(可變車路)가 설치된 경우에는 신호기가 지시하는 가장 왼쪽에 있는 황색 점선을 말한다.

1) 중앙선의 종류는 ㉠ 황색 실선 ㉡ 황색 점선 ㉢ 황색 복선 등이 있고 대형건물 구내에 임의로 만들어 놓은 중앙선은 도로교통법상 중앙선이 아니다.

(6) 차로

차마가 한 줄로 도로의 정하여진 부분을 통행하도록 차선(車)으로 구분한 차도의 부분을 말한다.

(7) 차선

차로와 차로를 구분하기 위하여 그 경계지점을 백색으로 표시한 선을 말한다.

(8) 노면전차전용로

도로에서 궤도를 설치하고 안전표지 또는 인공구조물로 경계를 표시하여 설치한 도시철도법에 따른 도로 또는 차로를 말한다. 시가 전차(電車) 또는 트램(tram)이라고도 하며 종류로는 모노레일·노면 전차(電車)·선형유도전동기(線形誘導電動機)·자기부상열차(磁氣浮上) 등 궤도(軌道)에 의한 교통시설 및 교통수단을 말한다.

1) 노면전차:「도시철도법」에 따른 노면전차로서 도로에서 궤도를 이용하여 운행되는 차

(9) 자전거도로

안전표지, 위험방지용 울타리나 그와 비슷한 인공구조물로 경계를 표시하여 자전거 및 개인형 이동장치가 자전거가 통행할 수 있도록 설치된 「자전거 이용 활성화에 관한 법률」에 의한 도로를 말한다.

1) 자전거도로의 종류(자전거이용활성화법)

① **자전거 전용도로**: 자전거만 통행

② **자전거 및 보행자 겸용도로**: 자전거 및 보행자 동시 이용 가능

③ **자전거 전용 차로**: 차도의 일정부분을 자전거만 통행

④ **자전거 우선도로**: 자동차의 통행량이 대통령령의 기준보다 적은 도로 및 자전거와 다른 차가 상호 통행하도록 노면표시로 설치한 자전거도로와 대통령령이 정하는 기준 1일 통행량 2천대 미만인 도로

(10) 자전거횡단도

자전거 및 개인형 이동장치가 일반도로를 횡단할 수 있도록 안전표지로 표시한 도로의 부분을 말한다.

(11) 보도(步道)

연석선, 안전표지나 그와 비슷한 인공구조물로 경계를 표시하여 보행자(유모와 행정안전부령으로 정하는 보행보조용 의자차를 포함한다)가 통행할 수 있도록 한 도로의 부분을 말한다.

(12) 길가장자리구역

보도와 차도가 구분되지 아니한 도로에서 보행자의 안전을 확보하기 위해 안전표지 등으로 경계를 표시한 도로의 가장자리 부분을 말한다.

(13) 횡단보도

보행자가 도로를 횡단할 수 있도록 안전표지로 표시한 도로의 부분을 말한다.

(14) 교차로

'십(十)'자로, 'T'자로나 그 밖에 둘 이상의 도로(보도와 차도가 구분되어 있는 도로에서는 차도를 말한다)가 교차하는 부분을 말한다.

(15) 안전지대

도로를 횡단하는 보행자나 통행하는 차마의 안전을 위하여 안전표지나 이와 비슷한 인공구조물로 표시한 도로의 부분을 말한다.

(16) 신호기

도로교통에서 문자·기호 또는 등화(燈火)를 사용하여 진행·정지·방향전환·주의등의 신호를 표시하기 위하여 사람이나 전기의 힘으로 조작하는 장치를 말한다.

(17) 안전표지

교통안전에 필요한 주의·규제·지시 등을 표시하는 표지판이나 도로의 바닥에 표시하는 기호 또는 문자와 선 등을 말한다.

(18) 차마

차와 우마를 말한다.

1) 차 : 자동차, 건설기계, 원동기장치자전거, 자전거, 사람 또는 가축의 힘이나 그 밖의 동력(力)으로 도로에서 운전되는 것. 다만, 철길이나 가설된 선을 이용하여 운전되는 것과 유모차와 보행보조용 의자차는 제외한다.

2) 우마 : 교통이나 운수에 사용되는 가축을 말한다.

(19) 자동차

철길이나 가설된 선을 이용하지 아니하고 원동기를 사용하여 운전되는 차(견인되는 자동차도 자동차의 일부로 본다)로서 다음 각 목의 차를 말한다.

• 참고

1) 「자동차관리법」 제3조에 따른 자동차

   ㄱ. 승용자동차 → 승차 인원 10인 이하

   ㄴ. 승합자동차 → 승차 인원 11인 이상

   ㄷ. 화물자동차

   ㄹ. 특수자동차 → 견인 또는 구난작업

   ㅁ. 이륜자동차 → 1인 또는 2인의 사람 운송

2) 건설기계 : 도로교통법 규정에 의한 운전면허로 조종하는 건설기계

   ㄱ. 덤프트럭

   ㄴ. 아스팔트살포기

   ㄷ. 노상안정기

   ㄹ. 콘크리트믹서트럭

   ㅁ. 콘크리트펌프

   ㅂ. 트럭적재식 천공기

   ㅅ. 특수건설기계 중 국토교통부장관이 지정하는 건설기계

(20) 원동기장치자전거

1) 「자동차관리법」에 따른 이륜자동차 가운데 배기량 125cc 이하(전기를 동력으로 하는 경우에는 최고정격출력 11kw 이하)의 이륜자동차

2) 그 밖에 배기량 125cc 이하(전기를 동력으로 하는 경우에는 최고정격출력 11kw 이하)의 원동기를 단 차

(21) 개인형 이동장치

원동기장치자전거 중 시속 25km 이상으로 운행할 경우 전동기가 작동하지 아니하고 차체 중량이 30kg 미만인 것으로서 행정안전부령으로 정하는 것을 말한다.

(22) 자선거

자전거 이용 활성화에 관한 법률에 따른 자전거를 말한다.

(23) 자동차 등

자동차와 원동기장치자전거를 말한다.

(24) 자전거 등

자전거와 개인형 이동장치를 말한다.

(25) 긴급자동차

긴급한 용도로 사용되고 있는 자동차를 말한다.

1) 소방차

2) 구급차

3) 혈액 공급차량

4) 그 밖에 대통령령으로 정하는 자동차

(26) 어린이 통학버스

다음 시설 가운데 어린이(13세 미만)를 교육 대상으로 하는 시설에서 어린이의 통학 등에 이용되는 자동차와 여객자동차운수사업법에 따른 여객자동차 운송사업의 한정면허를 받아 어린이를 여객 대상으로 하여 운행되는 운송 사업용 자동차를 말한다.

1) 「유아교육법」에 따른 유치원, 「초·중등교육법」에 따른 초등학교 및 특수학교

2) 「영유아보육법」에 따른 어린이집

3) 「학원의 설립·운영 및 과외교습에 관한 법률」에 따라 설립된 학원

4) 「체육시설의 설치·이용에 관한 법률」에 따라 설립된 체육시설

5) 「아동복지법」에 따른 아동복지시설(아동보호전문기관은 제외한다)

6) 「청소년활동 진흥법」에 따른 청소년수련시설

7) 「장애인복지법」에 따른 장애인복지시설(장애인 직업재활시설은 제외한다)

8) 「도서관법」에 따른 공공도서관

9) 「평생교육법」에 따른 시·도 평생교육진흥원 및 시·군·구 평생학습관

10)사회복지사업법」에 따른 사회복지시설 및 사회복지관

[27] 주차

운전자가 승객을 기다리거나 화물을 싣거나 차가 고장 나거나 그 밖의 사유로 차를 계속 정지 상태에 두는 것 또는 운전자가 차에서 떠나서 즉시 그 차를 운전할 수 없는 상태에 두는 것을 말한다.

[28] 정차

운전자가 5분을 초과하지 아니하고 차를 정지시키는 것으로서 주차 외의 정지 상태를 말한다.

[29] 운전

차마 또는 노면전차를 그 본래의 사용방법에 따라 사용하는 것

[30] 앞지르기

차의 운전자가 앞서가는 다른 차의 옆을 지나서 그 차의 앞으로 나가는 것

[31] 일시정지

차 또는 노면전차의 운전자가 그 차 또는 노면전차의 바퀴를 일시적으로 완전히 정지시키는 것

[32] 보행자전용도로

보행자만 다닐 수 있도록 안전표지나 그와 비슷한 인공구조물로 표시한 도로

[33] 모범운전자

무사고운전자 또는 유공운전자의 표시장을 받거나 2년 이상 사업용 자동차 운전에 종사하면서 교통사고를 일으킨 전력이 없는 사람으로서 경찰청장의 선발로 교통안전 봉사활동을 하는 사람

[34] 교통안전시설의 설치 · 관리자

특별시장 · 광역시장 · 제주특별자치도지사 또는 시장 · 군수로서 도로에서의 위험을 방지하고 교통의 안전 과 원활한 소통을 위해 신호기 및 안전표지 등을 설치 · 관리한다.

(35) 무인 교통단속용 장비의 설치 및 관리자

지방경찰청장, 경찰서장 또는 시장 등으로 도로교통법을 위반한 사실을 기록·증명한다.

(36) 서행

운전자가 차 또는 노면전차를 즉시 정지시킬 수 있는 정도의 느린 속도로 진행하는 것

(37) 초보운전자

처음 운전면허를 받은 날부터 2년이 지나지 아니한 사람

제3절 안전표지

교통안전표지는 주의표지(42가지), 규제표지(27가지), 지시표지(37가지), 보조표지(28가지), 노면표시(53가지)의 5종으로 187가지의 표지가 있다.

(1) 주의표지

도로상태가 위험하거나 도로 또는 그 부근에 위험물이 있는 경우에 도로사용자에게 알리는 표지

(2) 규제표지

도로교통의 안전을 위하여 각종 제한·금지 등의 규제를 하는 경우에 도로사용자에게 알리는 표지

(3) 지시표지

도로의 통행방법·통행구분 등 도로교통의 안전을 위해 도로사용자가 이에 따르도록 알리는 표지

(4) 보조표지

주의표지·규제표지 또는 지시표지의 주기능을 보충하여 도로사용자에게 알리는 표지

(5) 노면표시

각종 주의·규제·지시 등의 내용을 노면에 기호·문자 또는 선으로 도로사용자에게 알리는 표지

| 주의표지 | 규제표지 | 지시표지 | 보조표지 |

제4절 신호

(1) 신호의 종류

구분		신호의 종류	신호의 뜻
차량신호등	원형 등화	녹색 등화	• 차마는 직진 또는 우회전할 수 있다. • 비보호 좌회전 표지가 있는 곳에서는 좌회전할 수 있다.
		황색 등화	• 정지선이 있거나 횡단보도가 있을 때에는 그 직전이나 교차로의 직전에 정지하여야 하며, 이미 교차로에 차마의 일부라도 진입한 경우에는 신속히 교차로 밖으로 진행하여야 한다. • 우회전할 수 있고 우회전하는 경우에는 보행자의 횡단을 방해하지 못한다.
		적색의 등화	정지선, 횡단보도 및 교차로의 직전에서 정지하여야 한다. 다만, 신호에 따라 진행하는 다른 차마의 교통을 방해하지 아니하고 우회전할 수 있다.
		황색등화 점멸	다른 교통에 주의하면서 진행할 수 있다.
		적색등화 점멸	정지선이나 횡단보도가 있을 때에는 그 직전에 일시정지한 후 다른 교통에 주의하면서 진행할 수 있다.
	화살표 등화	녹색화살표 등화	화살표시 방향으로 진행할 수 있다.
		황색화살표 등화	화살표시 방향으로 진행하려는 경우 정지선이나 횡단보도가 있을 때에는 교차로의 직전에 정지하여야 하며, 이미 교차로에 차마의 일부라도 진입한 경우에는 신속히 교차로 밖으로 진행하여야 한다.
		적색화살표 등화	화살표시 방향으로 진행하려는 차마는 정지선, 횡단보도 및 교차로의 직전에서 정지하여야 한다.
		황색화살표 등화 점멸	다른 교통에 주의하면서 화살표시 방향으로 진행할 수 있다.

구분		신호의 종류	신호의 뜻
차량신호등	화살표 등화	적색화살표 등화 점멸	정지선이나 횡단보도가 있을 때에는 교차로의 직전에 일시정지한 후 다른 교통에 주의하면서 화살표시 방향으로 진행할 수 있다.
	사각형 등화	녹색화살표 등화(하향)	차마는 화살표로 지정한 차로로 진행할 수 있다.
		적색×표 표시 등화	차마는 ×표가 있는 차로로 진행할 수 없다.
		적색×표 표시등화의 점멸	차마는 ×표가 있는 차로로 진입할 수 없고, 이미 차마의 일부라도 진입한 경우에는 신속히 그 차로 밖으로 진로를 변경하여야 한다.
보행 신호등		녹색 등화	보행자는 횡단보도를 횡단할 수 있다.
		녹색등화 점멸	보행자는 횡단을 시작하여서는 아니 되고, 횡단하고 있는 보행자는 신속하게 횡단을 완료하거나 그 횡단을 중지하고 보도로 되돌아와야 한다.
		적색 등화	보행자는 횡단보도를 횡단하여서는 아니 된다.

(2) 신호기의 설치

지방경찰청장 또는 경찰서장이 교차로 및 그 밖의 도로에 설치한다.

(3) 신호등 등화의 배열 순서

신호등 \ 배열	횡형 신호등	종형 신호등
적색·황색·녹색화살표·녹색의 사색등화로 표시되는 신호등	• 좌로부터 적색·황색·녹색화살표·녹색의 순서로 한다. • 좌로부터 적색·황색·녹색의 순서로 하고, 적색등화 아래에 녹색화살표 등화를 배열한다.	위로부터 적색·황색·녹색화살표·녹색의 순서로 한다.
적색·황색 및 녹색(녹색화살표)의 삼색등화로 표시되는 신호등	좌로부터 적색·황색·녹색(녹색화살표)의 순서로 한다.	위로부터 적색·황색·녹색(녹색화살표)의 순서로 한다.
적색화살표·황색화살표 및 녹색화살표의 삼색등화로 표시되는 신호등	좌로부터 적색화살표·황색화살표·녹색화살표의 순서로 한다.	위로부터 적색화살표·황색화살표·녹색화살표의 순서로 한다.

(4) 신호 또는 지시에 따를 의무

1) 보행자 · 차마 또는 노면전차의 운전자가 따라야 하는 신호 또는 지시

① 교통안전시설이 표시하는 신호 또는 지시

② 교통정리를 하는 국가경찰공무원(의무경찰을 포함) 및 제주특별자치도의 자치경찰공무원

③ 국가경찰공무원 및 자치경찰공무원을 보조하는 다음의 사람

ㄱ. 모범운전자

ㄴ. 군사훈련 및 작전에 동원되는 부대의 이동을 유도하는 군사경찰(헌병)

ㄷ. 본래의 긴급한 용도로 운행하는 소방차 · 구급차를 유도하는 소방공무원

2) 신호 지시의 중첩

도로를 통행하는 보행자, 차마 또는 노면전차의 운전자는 교통안전시설이 표시하는 신호 또는 지시와 교통정리를 하는 국가경찰공무원 · 자치경찰공무원 또는 경찰보조자의 신호 또는 지시가 서로 다른 경우에는 경찰공무원등의 신호 또는 지시에 따라야 한다.

제5절 차마의 통행방법

(1) 차로에 따른 통행 차종

도로		차로 구분	통행할 수 있는 차종
고속도로 외의 도로		왼쪽 차로	승용자동차 및 경형 · 소형 · 중형 승합자동차
		오른쪽 차로	대형승합자동차, 화물자동차, 특수자동차, 도로교통법 제2조 제18호 나목에 따른 건설기계(조종을 위해 도로교통법 제80조에 따른 운전면허를 받아야 하는 건설기계), 이륜자동차, 원동기장치자전거
고속도로	편도 2차로	1차로	앞지르기를 하려는 모든 자동차. 다만, 차량통행량 증가 등 도로상황으로 인하여 부득이하게 시속 80km 미만으로 통행할 수밖에 없는 경우에는 앞지르기를 하는 경우가 아니라도 통행할 수 있다.
		2차로	모든 자동차

도로		차로 구분	통행할 수 있는 차종
고속도로	편도 3차로 이상	1차로	앞지르기를 하려는 승용자동차 및 앞지르기를 하려는 경형·소형·중형 승합자동차. 다만, 차량통행량 증가 등 도로상황으로 인하여 부득이하게 시속 80km 미만으로 통행할 수밖에 없는 경우에는 앞지르기를 하는 경우가 아니라도 통행할 수 있다.
		왼쪽 차로	승용자동차 및 경형·소형·중형 승합자동차
	편도 3차로 이상	오른쪽 차로	대형 승합자동차, 화물자동차, 특수자동차, 건설기계(조종을 위해 운전면허를 받아야 하는 건설기계)

(2) 전용차로의 종류 및 전용차로로 통행할 수 있는 차

전용차로의 종류	통행할 수 있는 차	
	고속도로	고속도로 외의 도로
버스 전용 차로	9인승 이상 승용자동차 및 승합자동차 (승용자동차 또는 12인승 이하의 승합자동차는 6명 이상이 승차한 경우로 한정)	① 36인승 이상의 대형승합자동차 ② 36인승 미만의 사업용 승합자동차 ③ 어린이를 운송할 목적으로 운행 중인 어린이통학버스 ④ 대중교통수단으로 이용하기 위한 자율주행자동차로서 국토교통부장관의 임시운행허가를 받은 자율주행자동차 ⑤ 지방경찰청장이 지정한 다음의 어느 하나에 해당하는 승합자동차 ㄱ. 노선을 지정하여 운행하는 통학·통근용 승합자동차 중 16인승 이상 승합자동차 ㄴ. 국제행사 참가자 수송 등이 필요하다고 인정되는 승합자동차 ㄷ. 25인승 이상의 외국인 관광객 수송용 승합자동차(외국인 관광객이 승차한 경우만 해당)
다인승 전용 차로	3명 이상 승차한 승용·승합자동차	
자전거 전용 차로	자전거	

(3) 차마의 우선 순위

1) 차마 서로간의 통행시 우선순위(우선순위의 차에 진로를 양보한다.)

① 긴급자동차(최우선통행권)

② 자동차(긴급자동차 외)

③ 원동기장치자전거

④ 그 밖의 차마

2) 진로양보 의무

① **뒤따라오는 차보다 느린 속도로 가려는 경우**:모든 차의 운전자는 뒤에서 따라오는 차보다 느린 속도로 가려는 경우에는 도로의 우측 가장자리로 피하여 진로를 양보하여야 한다.

② **좁은 도로에서 긴급자동차 외의 자동차가 서로 마주 보고 진행하는 경우**:좁은 도로에서 긴급자동차 외의 자동차가 서로 마주보고 진행할 때에는 다음의 구분에 따른 자동차가 도로의 우측 가장자리로 피하여 진로를 양보하여야 한다.

  ㄱ. 비탈진 좁은 도로에서 자동차가 서로 마주보고 진행하는 경우에는 올라가는 자동차

  ㄴ. 비탈진 좁은 도로 외의 좁은 도로에서 사람을 태웠거나 물건을 실은 자동차와 동승자가 없고 물건을 싣지 아니한 자동차가 서로 마주보고 진행하는 경우에는 동승자가 없고 물건을 싣지 아니한 자동차

3) 교통정리가 없는 교차로의 통행우선순위

① 선진입차에 통행우선권

② 폭이 넓은 도로에서 교차로로 들어가려는 차에게 통행우선권

③ 동시진입차 간의 통행우선순위는 다음 순서에 따른다.

  ㄱ. 우측도로에서 진입하는 차

  ㄴ. 직진차가 좌회전차보다 우선

  ㄷ. 우회전차가 좌회전차보다 우선

| 긴급자동차의 특례 |

① 긴급자동차는 긴급하고 부득이한 경우에는 도로의 중앙이나 좌측 부분을 통행할 수 있다.
② 긴급자동차는 도로교통법이나 도로교통법에 따른 명령에 따라 정지하여야 하는 경우에도 불구하고 긴급하고 부득이한 경우에는 정지하지 아니할 수 있다.
③ 긴급자동차의 운전자는 교통안전에 특히 주의하면서 통행하여야 한다.

---

(4) 안전거리확보

1) **안전거리**:같은 방향으로 가고 있는 앞차의 뒤를 따르는 때에는 앞차가 갑자기 정지하게 되는 경우 그 앞차와의 충돌을 피할 수 있는 필요한 거리

2) **진로변경금지**:차의 진로를 변경하고자 하는 경우에 그 변경하고자 하는 방향으로 오고 있는 다른 차의 정상적인 통행에 장애를 줄 우려가 있는 때에는 진로를 변경하여서는 안 된다.

3) **급제동금지**:위험방지를 위한 경우와 그 밖의 부득이한 경우가 아니면 운전하는 차를 갑자기 정지시키거나 속도를 줄이는 등의 급제동을 하여서는 안 된다.

(5) 앞지르기

1) **앞지르기 방법**:다른 차를 앞지르려면 앞차의 좌측으로 통행하여야 한다.

2) **앞지르기 금지 시기**

① 앞차의 좌측에 다른 차가 앞차와 나란히 가고 있는 경우

② 앞차가 다른 차를 앞지르고 있거나 앞지르려고 하는 경우에는 앞차를 앞지르지 못한다.

3) **앞지르기 금지 장소**

① 교차로

② 터널 안

③ 다리 위

④ 도로의 구부러진 곳, 비탈길의 고갯마루 부근 또는 가파른 비탈길의 내리막 등 지방경찰청장이 안전표지로 지정한 곳에서는 다른 차를 앞지르지 못한다.

4) **앞지르기 시 주의사항**

① 앞지르려고 하는 운전자는 반대방향의 교통과 앞차 앞쪽의 교통에 주의를 하며 앞차의 속도·진로와 그 밖의 도로상황에 따라 방향지시기·등화 또는 경음기를 사용하는 등 안전하게 앞지르기를 하여야 한다.

② 운전자는 앞지르기를 하는 차가 있을 때에는 속도를 높여 경쟁하거나 그 차의 앞을 가로막는 등의 방법으로 앞지르기를 방해하여서는 아니 된다.

(6) 모든 차 또는 노면전차가 서행할 곳

1) 교통정리를 하고 있지 아니하는 교차로

2) 도로가 구부러진 부근

3) 비탈길의 고갯마루 부근

4) 가파른 비탈길의 내리막

5) 지방경찰청장이 안전표지로 지정한 곳

(7) 일시정지 장소

1) 교통정리를 하고 있지 아니하고 좌우를 확인할 수 없거나 교통이 빈번한 교차로

2) 지방경찰청장이 안전표지로 지정한 곳에서는 일시정지하여야 한다.

(8) 정차 및 주차

1) 정차 및 주차 금지장소

① 교차로·횡단보도·건널목이나 보도와 차도가 구분된 도로의 보도

② 교차로의 가장자리나 도로의 모퉁이로부터 5m 이내인 곳

③ 안전지대가 설치된 도로에서는 그 안전지대의 사방으로부터 각각 10m 이내인 곳

④ 버스여객자동차의 정류장으로부터 10m 이내인 곳

⑤ 건널목의 가장자리 또는 횡단보도로부터 10m 이내인 곳

⑥ 다음의 곳으로부터 5m 이내인 곳

　ㄱ. 소방용수시설 또는 비상소화장치가 설치된 곳

　ㄴ. 소방시설로서 대통령령으로 정하는 옥내소화전설비·스프링클러설비등·물분무등소화설비의 송수구
　　·소화용수설비·연결송수관설비·연결살수설비·연소방지설비의 송수구 및 무선기기접속단자

2) 주차금지의 장소

① 터널 안 및 다리 위

② 도로공사를 하고 있는 공사 구역의 양쪽 가장자리와 다중이용업소의 영업장으로 지방경찰청장이 지정한
　곳으로부터 5m 이내인 곳에서는 주차금지

(9) 정차 또는 주차 시 준수사항

① 도로에서 정차할 때에는 차도의 오른쪽 가장자리에 정차할 것. 다만, 차도와 보도의 구별이 없는 도로에서
　는 도로의 오른쪽 가장자리로부터 중앙으로 50㎝ 이상의 거리를 두어야 한다.

② 여객자동차는 정류소에 정차하였을 때에는 승객이 타거나 내린 즉시 출발하여야 한다.

③ 도로에서 주차할 때에는 지방경찰청장이 정하는 주차의 장소·시간 및 방법에 따른다.

④ 정차나 주차할 때에는 다른 교통에 방해가 되지 아니하도록 하여야 한다.

(10) 경사진 곳에서의 정차 또는 주차의 방법

경사진 곳에 정차하거나 주차할 때는 고임목을 설치하거나 조향장치를 도로의 가장자리 방향으로 돌려놓는 등 미끄럼 사고의 발생을 방지하기 위한 조치를 취하여야 한다.

(11) 승차 및 적재에 관한 운행상의 안전기준

① **자동차의 승차인원** : 승차정원의 11할 이내(고속도로에서는 승차정원 초과는 운행 불가)
② **고속버스운송사업용 자동차 및 화물자동차의 승차인원** : 승차정원 이내
③ **화물자동차의 적재중량** : 구조 및 성능에 따르는 적재중량의 11할 이내

(12) 화물자동차의 적재용량

① **길이** : 자동차 길이에 그 길이의 1/10의 길이를 더한 길이(이륜자동차는 그 승차장치의 길이 또는 적재장치의 길이에 30cm를 더한 길이)
② **너비** : 자동차의 후사경으로 후방을 확인할 수 있는 범위의 너비
③ **높이** : 지상으로부터 4m(고시한 도로노선의 경우에는 4m 20cm, 소형 3륜자동차는 지상으로부터 2m 50cm, 이륜자동차는 지상으로부터 2m)의 높이

제6절 자동차 속도

(1) 속도제한

1) 지방경찰청장이 지정속도를 제한할 수 있다.
2) 운전자는 최고속도를 초과하거나 최저속도에 미달하여 운전하여서는 안 된다.
3) 모든 차량은 도로별 지정운행속도에 준하여 운행하여야 한다.

(2) 자동차등과 노면전차의 도로 통행 속도

1) 일반도로
① 주거지역·상업지역 및 공업지역의 일반도로에서는 매시 50킬로미터 이내. 다만, 지방경찰청장이 원활한 소통을 위하여 특히 필요하다고 인정하여 지정한 노선 또는 구간에서는 매시 60킬로미터 이내
② 일반도로에서는 매시 60킬로미터 이내. 다만, 편도 2차로 이상의 도로에서는 매시 80킬로미터 이내

2) **자동차전용도로**: 최고속도 매시 90㎞, 최저속도 매시 30㎞

3) **고속도로**

① **편도 1차로 고속도로**: 최고속도 매시 80㎞, 최저속도 매시 50㎞

② **편도 2차로 이상 고속도로**: 최고속도 매시 100㎞(화물자동차는 적재중량 1.5톤을 초과하는 경우에 한함) 다만, 특수자동차·위험물운반자동차 및 건설기계의 최고속도는 매시 80㎞, 최저속도는 매시 50㎞

③ **편도 2차로 이상의 고속도로로서 경찰청장이 지성·고시한 경우** 최고속도는 매시 120㎞(화물자동차·특수자동차·위험물운반자동차 및 건설기계의 최고속도는 매시 90㎞) 이내, 최저속도는 매시 50㎞

④ **견인자동차가 아닌 자동차로 다른 자동차를 견인할 때** 속도는 총중량 2천㎏ 미만인 자동차를 총중량이 그의 3배 이상인 자동차로 견인하는 경우에는 매시 30㎞ 이내, 이외의 경우 및 이륜자동차가 견인하는 경우에는 매시 25㎞ 이내

| 감속운행해야 하는 경우 |

비·안개·눈 등으로 인한 악천후 시에는 감속운행하여야 한다.
1) 최고속도의 20/100을 줄인 속도로 운행하여야 하는 경우
　① 비가 내려 노면이 젖어 있는 경우
　② 눈이 20㎜ 미만 쌓인 경우
2) 최고속도의 50/100을 줄인 속도로 운행하여야 하는 경우
　① 폭우·폭설·안개 등으로 가시거리가 100m 이내인 경우
　② 노면이 얼어붙은 경우
　③ 눈이 20㎜ 이상 쌓인 경우

제7절 **교통사고발생 시의 조치**

차 또는 노면전차의 운전 등 교통으로 인하여 사람을 사상하거나 물건을 손괴한 경우에는 즉시 정차하여 사상자를 구호하는 등 필요한 조치와 피해자에게 인적 사항(성명, 전화번호, 주소 등)을 제공하는 조치를 하여야 한다.

(1) 교통사고발생 신고

교통사고를 발생시킨 운전자 등은 경찰공무원이 현장에 있을 때에는 그 경찰공무원에게, 경찰공무원이 현장에 없을 때에는 가장 가까운 국가경찰관서(지구대, 파출소 및 출장소를 포함)에 다음의 사항을 지체 없이 신고하여야 한다. 다만, 차 또는 노면전차만 손괴된 것이 분명하고 도로에서의 위험방지와 원활한 소통을 위하여 필요한 조치를 한 경우에는 예외로 한다.

1) 사고가 일어난 곳

2) 사상자 수 및 부상 정도

3) 손괴한 물건 및 손괴 정도

4) 그 밖의 조치사항 등

(2) 사고발생 시 조치에 대한 방해 금지

교통사고가 일어난 경우에는 누구든지 운전자 등의 교통사고 발생 시의 조치 또는 교통사고 발생 신고행위를 방해하여서는 아니 된다.

제8절 운전면허

(1) 운전면허의 범위

지방경찰청장은 운전을 할 수 있는 차의 종류를 기준하여 운전면허의 범위를 구분하고 관리한다.

1) 제1종 운전면허 : 대형면허, 보통면허, 소형면허, 특수면허(대형견인차면허, 소형견인차면허, 구난차면허)

2) 제2종 운전면허 : 보통면허, 소형면허, 원동기장치자전거면허

3) 연습운전면허 : 제1종 보통연습면허, 제2종 보통연습면허

(2) 운전면허에 따라 운전할 수 있는 차의 종류

운전면허		운전할 수 있는 차량
종별	구분	
제1종	대형 면허	• 승용자동차 • 승합자동차 • 화물자동차 • 건설기계 - 덤프트럭, 아스팔트살포기, 노상안정기 - 콘크리트믹서트럭, 콘크리트펌프, 천공기(트럭 적재식) - 콘크리트믹서트레일러, 아스팔트콘크리트재생기 - 도로보수트럭, 3톤 미만의 지게차 · 특수자동차[대형견인차, 소형견인차 및 구난차(이하 구난차등)는 제외] · 원동기장치자전거
제1종	보통 면허	• 승용자동차 • 승차정원 15인 이하의 승합자동차 • 적재중량 12톤 미만의 화물자동차 • 건설기계(도로를 운행하는 3톤 미만의 지게차로 한정) • 총중량 10톤 미만의 특수자동차(구난차등은 제외) • 원동기장치자전거
	소형 면허	• 3륜화물자동차 • 3륜승용자동차 • 원동기장치자전거
	특수면허 대형 견인차	• 견인형 특수자동차 • 제2종 보통면허로 운전할 수 있는 차량
	특수면허 소형 견인차	• 총중량 3.5톤 이하의 견인형 특수자동차 • 제2종 보통면허로 운전할 수 있는 차량
	특수면허 구난차	• 구난형 특수자동차 • 제2종 보통면허로 운전할 수 있는 차량
제2종	보통 면허	• 승용자동차 • 승차정원 10인 이하의 승합자동차 • 적재중량 4톤 이하의 화물자동차 • 총중량 3.5톤 이하의 특수자동차(구난차등은 제외) • 원동기장치자전거
	소형 면허	• 이륜자동차(측차부를 포함) • 원동기장치자전거
	원동기 장치 자전거 면허	• 원동기장치자전거

운전면허		운전할 수 있는 차량
종별	구분	
연습 면허	제1종 보통	• 승용자동차 • 승차정원 15인 이하의 승합자동차 • 적재중량 12톤 미만의 화물자동차
	제2종 보통	• 승용자동차 • 승차정원 10인 이하의 승합자동차 • 적재중량 4톤 이하의 화물자동차

(3) 운전의 제한

자동차운수사업법에 의한 사업용자동차를 운전하고자 하는 사람은 제1종 운전면허를 취득해야 한다.

(4) 운전면허취득 응시기간의 제한

1) **무면허운전**: 위반한 날 부터 1년(원동기장치자전거면허를 받고자 하는 경우에는 6월).

2) **사고 후 도주**: 4년

3) **주취운전, 무면허, 약물복용 등 운전 사고 후 도주**: 5년

4) **음주운전 3회 이상자 교통사고**: 3년

5) **자동차 이용 범죄**: 3년

6) **음주측정 거부 3회 이상**: 2년

7) **운전면허 시험 부정**: 2년

8) **자동차 이용 살인 또는 강간**: 2년

9) **다른 사람의 자동차 등을 훔치거나 빼앗은 경우**: 2년

(5) 운전면허 정지처분 기간

1) 벌점 초과 면허 취소

기간	벌점 또는 누산점수
1년간	121점 이상
2년간	201점 이상
3년간	271점 이상

2) 사고결과에 따른 벌점기준

구분		벌점	내용
인적 피해 교통 사고	사망 1명 마다	90	사고발생 시부터 72시간 이내에 사망한 때
	중상 1명 마다	15	3주 이상의 치료를 요하는 의사의 진단이 있는 사고
	경상 1명 마다	5	3주 미만 5일 이상의 치료를 요하는 의사의 진단이 있는 사고
	부상신고 1명 마다	2	5일 미만의 치료를 요하는 의사의 진단이 있는 사고

3) 조치 불이행에 따른 벌점기준

내용		벌점
물리적 피해가 발생한 교통사고를 일으킨 후 도주 후 자진신고		15점
교통사고를 일으킨 즉시 사상자를 구호하는 등의 조치를 하지 않았으나 그 후 자진신고를 한 경우	고속도로, 특별시·광역시 및 시의 관할구역과 군 구역 중 경찰관서가 위치하는 리 또는 동 지역에서 3시간(그 밖의 지역에서는 12시간) 이내에 자진신고를 할 때	30점
	48시간 이내에 자진신고를 한 때	60점

4) 정지처분 개별기준

위반사항	벌점
1. 음주운전(혈중알코올농도 0.03% 이상 0.08% 미만) 2. 자동차 등을 이용하여 형법상 특수상해 등(보복운전)을 하여 입건된 때	100
1. 속도 위반(60㎞/h 초과)	60
1. 정차·주차위반에 대한 조치불응 2. 공동위험행위 또는 난폭운전으로 형사입건된 때 3. 안전운전의무위반(경찰공무원의 3회 이상의 안전운전 지시에 따르지 아니하고 타인에게 위험과 장해를 주는 속도나 방법으로 운전한 경우) 4. 승객의 차내 소란행위 방치운전 5. 출석기간 또는 범칙금 납부기간 만료일부터 60일이 경과될 때까지 즉결심판을 받지 아니한 때	40

위반사항	벌점
1. 중앙선 침범 2. 속도위반(40km/h 초과 60km/h 이하) 3. 철길건널목 통과방법 위반 4. 어린이통학버스 특별보호 위반 5. 어린이통학버스 운전자의 의무위반 6. 고속도로·자동차전용도로 갓길통행 7. 고속도로 버스전용차로·다인승전용차로 통행 위반 8. 운전면허증 등의 제시의무위반 또는 운전자 신원확인을 위한 경찰공무원의 질문에 불응	30
1. 신호·지시위반 2. 속도 위반(20km/h 초과 40km/h 이하) 3. 속도 위반(어린이보호구역 안에서 오전 8시부터 오후 8시까지 사이에 제한속도를 20km/h 이내에서 초과한 경우에 한정) 4. 앞지르기 금지시기·장소위반 5. 적재 제한 위반 또는 적재물 추락 방지 위반 6. 운전 중 휴대용 전화 사용 7. 운전 중 운전자가 볼 수 있는 위치에 영상표시 8. 운전 중 영상표시장치 조작 9. 운행기록계 미설치 자동차 운전금지 등의 위반	15
1. 보도침범, 보도 횡단방법 위반 2. 지정차로 통행 위반 3. 일반도로 전용차로 통행 위반 4. 안전거리 미확보 5. 앞지르기 방법 위반 6. 보행자 보호 불이행(정지선위반 포함) 7. 승객 또는 승하차자 추락방지조치위반 8. 안전운전 의무 위반 9. 노상 시비·다툼 등으로 차마의 통행 방해행위 10. 돌·유리병·쇳조각이나 그밖에 물건을 던지는 행위 11. 차마에서 밖으로 물건을 던지는 행위	10

(1) 모든 차 또는 노면전차의 운전자가 지켜야 할 사항

1) 물이 고인 곳을 운행할 때에는 고인 물을 튀게 하여 다른 사람에게 피해를 주는 일이 없도록 할 것

2) 다음 사항일 때는 일시정지할 것

ㄱ. 어린이가 보호자 없이 도로를 횡단할 때, 어린이가 도로에서 앉아 있거나 서 있을 때 또는 어린이가 도로에서 놀이를 할 때 등 어린이에 대한 교통사고의 위험이 있는 것을 발견한 경우

ㄴ. 앞을 보지 못하는 사람이 흰색 지팡이를 가지거나 장애인보조견을 동반하는 등의 조치를 하고 도로를 횡단하고 있는 경우

ㄷ. 지하도나 육교 등 도로 횡단시설을 이용할 수 없는 지체장애인이나 노인 등이 도로를 횡단하고 있는 경우

3) 자동차의 앞면 창유리와 운전석 좌우 옆면 창유리의 가시광선의 투과율이 다음의 기준보다 낮은 차를 운전하지 아니할 것

ㄱ. 앞면 창유리 : 70% 미만

ㄴ. 운전석 좌우 옆면 창유리 : 40% 미만

4) 교통단속용 장비의 기능을 방해하는 장치를 한 차나 그밖에 안전운전에 지장을 줄 수 있는 장치를 한 차를 운전하지 아니할 것

ㄱ. 경찰관서에서 사용하는 무전기와 동일한 주파수의 무전기

ㄴ. 긴급자동차가 아닌 자동차에 부착된 경광등, 사이렌 또는 비상등

ㄷ. 안전운전에 현저히 장애가 될 정도의 장치

5) 도로에서 자동차를 세워둔 채 시비·다툼 등의 행위를 하여 다른 차마의 통행을 방해하지 아니할 것

6) 운전자가 차를 떠나는 경우에는 교통사고를 방지하고 다른 사람이 함부로 운전하지 못하도록 필요한 조치를 할 것

7) 운전자는 안전을 확인하지 아니하고 차의 문을 열거나 내려서는 아니 되며, 동승자가 교통의 위험을 일으키지 아니하도록 필요한 조치를 할 것

8) 운전자는 정당한 사유 없이 다음과 같은 행위를 하여 다른 사람에게 피해를 주는 소음을 발생시키지 아니할 것

ㄱ. 자동차를 급히 출발시키거나 속도를 급격히 높이는 행위

ㄴ. 원동기 동력을 차의 바퀴에 전달시키지 아니하고 원동기의 회전수를 증가시키는 행위

ㄷ. 반복적이거나 연속적으로 경음기를 울리는 행위

9) 승객이 차 안에서 안전운전에 현저히 장해가 될 정도로 춤을 추는 등 소란행위를 하도록 내버려 두고 차를 운행하지 아니할 것

10) 운전 중에는 휴대용 전화를 사용하지 아니할 것. 다만, 다음의 어느 하나에 해당하는 경우에는 예외로 한다.

ㄱ. 자동차가 정지하고 있는 경우

ㄴ. 긴급자동차를 운전하는 경우

ㄷ. 각종 범죄 및 재해 신고 등 긴급한 필요가 있는 경우

ㄹ. 안전운전에 장애를 주지 아니하는 장치[손으로 잡지 아니하고도 휴대용 전화(자동차용 전화 포함)를 사용할 수 있도록 해 주는 장치]를 이용하는 경우

11) 운전 중에는 방송 등 영상물을 수신하거나 재생하는 장치를 통하여 운전자가 운전 중 볼 수 있는 위치에 영상이 표시되지 아니하도록 할 것. 다만, 다음의 경우에는 예외로 한다.

ㄱ. 자동차가 정지하고 있는 경우

ㄴ. 자동차에 장착하거나 거치하여 놓은 영상표시장치에 다음의 영상이 표시되는 경우

• 지리안내 영상 또는 교통정보안내 영상

• 국가비상사태나 재난상황 등 긴급한 상황을 안내하는 영상

• 운전을 할 때 자동차의 좌우 또는 전후방을 볼 수 있는 영상

12) 운전 중에는 영상표시장치를 조작하지 아니할 것. 다만, 다음의 경우에는 예외로 한다.

ㄱ. 자동차가 정지하고 있는 경우

ㄴ. 운전에 필요한 영상표시장치를 조작하는 경우

13) 자동차의 화물 적재함에 사람을 태우고 운행하지 아니할 것

14) 지방경찰청장이 지정·공고한 사항에 따를 것

01 도로교통법의 제정 목적으로 맞는 것은?

① 모든 교통상의 위험요소만 제거함이 그 목적이다.
② 원활한 도로교통을 위한 것만이 그 목적이다.
③ 도로교통상의 위험요소 제거는 물론 원활하고 안전한 도로교통을 위한 것이 목적이다.
④ 주로 사고자에게서 벌금을 징수하는 것이 그 목적이다.

🔲 도로에서 일어나는 교통상의 모든 위험과 장애를 방지·제거하며 안전하고 원활한 교통확보가 도로교통법의 목적이다.

02 다음 중 도로교통법의 제정 목적이라고 볼 수 없는 것은?

① 도로 교통상의 위험과 장애방지 및 제거
② 차량의 안전 운전 확보와 공공복지 증진
③ 안전하고 원활한 교통확보
④ 공공복지와 여객의 서비스 증진

03 차량 신호등이 황색 등화로 점멸될 경우에 운전자 행동으로 옳은 것은?

① 차마는 직진 또는 우회전할 수 있다.
② 차마의 앞에 정지선 또는 횡단보도가 있을 땐 그 직전에 정지하여야 한다.
③ 차마는 정지선 또는 횡단보도가 있을 땐 교차로의 직전에 일시 정지한 후 다른 교통에 주의하며 진행하면 된다.
④ 차마는 다른 교통 또는 안전표지의 표시에 주의하면서 교차로로 진입할 수 있다.

04 적색화살표로 신호등이 등화된 경우에 대한 설명으로 옳은 것은?

① 다른 교통 또는 안전표지에 주의하면서 화살표시 방향으로 진행할 수 있다.
② 교차로의 직전에 일시 정지한 후 다른 교통에 주의하면서 화살표시 방향으로 진행할 수 있다.
③ 화살표시 방향으로 진행해서는 안 되며 정지선, 횡단보도 직전에 정지하여야 한다.
④ 서행으로 화살표시 방향으로 진행할 수 있다.

🔲 녹색화살표 신호와는 달리 적색화살표 신호는 화살표 방향으로 회전해서는 안 된다.

05 보행자는 다음 중 어느 신호에서는 횡단을 시작하면 안 되고, 횡단 중인 보행자는 신속하게 횡단을 완료하거나 횡단을 중지하고 되돌아와야 하는가?

① 녹색등의 점멸　　② 녹색등의 등화
③ 적색등의 점멸　　④ 황색등의 등화

🔲 보행자 신호등이 녹색점멸로 등화되는 것은 신호가 곧바로 적색으로 바뀐다는 것을 의미한다.

06 다음 중 도로법상 도로에 해당되지 않는 것은?

① 주차장　　　　　② 교량
③ 도로용 엘리베이터　④ 도선장

🔲 도로에는 터널, 교량, 도선장, 도로용 엘리베이터 및 도로와 일체가 되어 그 효용을 다하게 하는 시설 또는 공작물로서 대통령령이 정하는 도로부속물을 포함한다.

07 농어촌 주민의 교통과 생산, 유통을 위해 사용하는 공로(公路) 중 고시된 도로의 명칭이 아닌 것은?

① 농도(農道)　　　② 면도(面道)

③ 이도(里道)　　　④ 사도(私道)

08 차도와 보도를 구분하기 위하여 돌 등으로 구분하는 선의 명칭은 무엇인가?

① 차선(車線)　　　② 차로(車路)

③ 연석선(連石線)　　　④ 중앙선(中央線)

09 차로와 차로를 구분하기 위하여 그 경계지점을 페인트 등으로 노면에 표시한 선을 무엇이라 하는가?

① 차선　　　② 차로

③ 차도　　　④ 보도

10 도로교통법상 연석선, 안전표지 등으로 경계를 표시하여 모든 차의 교통으로 이용되는 도로의 부분은?

① 길가장자리구역　　　② 지방도로

③ 차도　　　④ 인도

해 차도란 연석선(차도와 보도를 구분하는 돌 등으로 이어진 선), 안전표지나 그와 비슷한 공작물로써 경계를 표시하여 모든 차의 교통에 사용하도록 된 도로의 부분을 말한다.

11 도로교통법상 중앙선에 대한 설명으로 옳지 않은 것은?

① 차마의 통행을 방향별로 구분한다.

② 황색실선이나 황색점선 등으로 표시한다.

③ 중앙분리대나 울타리 등으로 표시할 수 있다.

④ 중앙선은 반드시 도로의 중앙에 설치하여야 한다.

해 중앙선차은 차마의 통행을 방향별로 명확하게 구분하기 위하여 황색실선이나 황색점선 등의 안전표지로 표시한 선 또는 중앙분리대, 철책, 울타리 등으로 설치한 시설물을 말하며 중안선은 반드시 도로의 중앙에 설치하여야만 하는 것은 아니고 도로의 여건에 따라 중앙선이 편위될 수 있다.

12 도로교통법상 자동차의 고속 운행에만 사용하기 위하여 지정된 도로는?

① 유료도로　　　② 자동차 전용도로

③ 일반도로　　　④ 고속도로

해 고속도로는 자동차의 고속교통에만 사용하기 위하여 지정된 도로이다.

13 도로교통법상 자동차전용도로에 대한 설명이 올바른 것은?

① 자동차만 다닐 수 있도록 설치된 도로

② 소형자동차만이 다닐 수 있는 도로

③ 대형자동차가 통행할 수 있는 도로

④ 자동차의 고속주행차량에만 사용하기 위하여 지정된 도로

해 자동차만이 다닐 수 있도록 설치된 도로로서 이륜자동차는 통행할 수 없다.
　　예 서울: 올림픽대로, 부산: 동서고가도로

14 다음 교통표지가 표시하는 의미로 맞는 것은?

① 좌측 차로가 없어짐을 알린다.

② 도로의 폭이 좁아짐을 알린다.

③ 도로의 끝지점이 위험하다는 것을 알린다.

④ 전방이 교통 혼잡하다는 것을 알린다.

교통관련법규

여객자동차운수사업법

안전운행

운송 서비스

응급조치법및 신체손상법

지리

모의고사

15 다음 교통표시가 의미하는 것은?

① 차량 진입금지
② 통행금지
③ 위험물 적재차량 통행금지
④ 보행자 진입금지

16 교통표지 중 다음의 노면표시가 의미하는 것은?

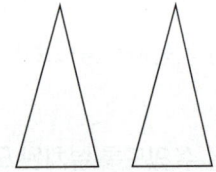

① 오르막 경사면　　② 속도제한
③ 차로변경　　　　④ 양보지역

17 다음 중 안전표지와 관련한 뜻으로 맞는 것은?

① 주의·통제·지시 및 표지판 등이다.
② 주의·규제·지시 및 표지판 등이다.
③ 지시·주의·제한 및 표지판이다.
④ 지시·주의·문자판 및 표지판이다.

🄗 **안전표지** : 교통안전에 필요한 주의·규제·지시 및 표지판 또는 도로의 바닥에 표시하는 문자, 기호, 선 등을 말한다.

18 어린이보호구역 또는 주거지역 내에 속도제한 표시로 설치되는 교통표지판의 테두리선에 사용되는 색상은?

① 적색　　② 황색　　③ 백색　　④ 청색

19 노면표시에 사용되고 있는 색상 중 황색이 의미하는 것이 아닌 것은?

① 주차금지 표시
② 반대방향의 교통과의 분리
③ 방향의 교통 분리 표시
④ 노상장애물 및 도로 중앙장애물 표시

20 동일 방향의 교통류 분리 경계 표시에 사용되는 노면표시는 어떤 색상인가?

① 황색　　　　　　② 백색
③ 청색　　　　　　④ 적색

21 다음 중 버스전용차로 차선의 색으로 맞는 것은?

① 청색　　　　　　② 백색
③ 황색　　　　　　④ 적색

22 다음 용어 중 그 의미가 다른 것은?

① 갓길　　　　　　② 노견
③ 길 어깨　　　　　④ 중앙분리대

23 차로의 설치에 대한 다음 설명 중 틀린 것은?

① 차로를 설치할 때에는 차선표시를 하여야 한다.
② 차로는 도로의 우측으로부터 1차로로 한다.
③ 보도와 차도의 구분이 없는 도로에서는 길가장자리구역을 설치하여야 한다.
④ 차로는 지방경찰청장이 설치한다.

🄗 **차로** : 차마가 한 줄로 도로의 정하여진 부분을 통행하도록 차선에 의하여 구분되는 차도의 부분으로 중앙선을 기점으로 우측으로부터 1차로로 한다.

24 다음 중 차로에 따른 **통행 방법**에 대한 설명으로 옳지 않은 것은?

① 도로 외의 곳으로 진입할 경우에는 보도를 횡단하여 통행할 수 없다.

② 보도와 차도가 구분된 도로에서는 차도로 통행하여야 한다.

③ 보도를 횡단하기 직전에 일시정지하여 좌·우측 부분 등을 살핀 후 통행한다.

④ 도로의 중앙 우측 부분으로 통행하여야 한다.

25 다음 중 버스전용차로로 주행해서는 안 되는 차종은?

① 36인승 이상의 대형 승합자동차

② 36인승 미만의 사업용 승합자동차

③ 어린이를 운송할 목적으로 운행 중인 어린이 통학버스

④ 3명 이상 승차한 승합자동차

26 차로에 따른 통행 방법에 대한 설명으로 틀린 것은?

① 도로 외의 곳으로 진입할 경우에는 보도를 횡단하여 진입할 수 있다.

② 안전지대 및 안전표지로 진입이 금지된 장소에는 들어가서는 안 된다.

③ 안전표지로 통행이 허용되지 않은 자전거도로 또는 길가장자리구역으로 통행하면 안 된다.

④ 앞지르기를 할 때에는 앞차량의 오른쪽 차로로 앞지르기를 한다.

27 다음 중 고속도로 외의 도로에서 왼쪽 차로로 통행해서는 안 되는 차종은?

① 대형 승합자동차　　② 중형 승합자동차

③ 승용자동차　　　　④ 소형 승합자동차

28 택시로 생명이 위급한 환자를 병원으로 운송하고자 한다. 다음 중 긴급자동차의 특례를 받을 수 있는 경우는?

① 택시는 어떠한 경우에도 긴급자동차로 인정받을 수 없다.

② 전조등 또는 비상표시등을 켜고 운전하여야 한다.

③ 사이렌을 울리거나 경광등을 켜야 한다.

④ 휴대하고 다니던 긴급자동차표지를 자동차 뒤편에 부착한다.

29 택시를 운전하다가 어린이통학버스를 만나게 되었다. 이때 적절하지 못한 행동은?

① 앞에 있는 어린이통학버스가 정차하여 점멸등을 켜고 있어서 일시정지하였다.

② 중앙선이 없는 도로의 반대방향에서 어린이통학버스가 정차하고 있어서 서행하였다.

③ 어린이통학버스가 천천히 운행하고 있어도 앞지르기하지 않고 뒤에서 천천히 운행하였다.

④ 왕복 2차로 도로의 반대방향에서 어린이통학버스가 정차하고 있어서 일시정지하였다.

30 교차로 황색신호시간에 일어날 수 있는 사고유형이 아닌 것은?

① 중앙선을 침범하여 오는 차와의 충돌

② 후행 차량과의 충돌

③ 횡단보도 통과 시 보행자, 자전거 또는 이륜차 충돌

④ 교차로상에서 전 신호차량과 후 신호차량의 충돌

31 도로관리청이 도로의 편리한 이용과 안전 및 원활한 도로교통의 확보, 그 밖에 도로의 관리를 위하여 설치하는 시설 또는 공작물을 무엇이라 하는가?

① 고속국도　　　　② 일반국도

③ 지방도　　　　　④ 도로의 부속물

| 📖 정답 | 24 ①　25 ④　26 ④　27 ①　28 ②　29 ②　30 ②　31 ④

32 다음 중 도로의 중앙이나 좌측 부분으로 진행할 수 있는 경우가 아닌 것은?

① 도로 우측 부분의 폭이 차의 통행에 충분하지 못한 경우

② 일방통행인 도로의 경우

③ 도로의 파손, 도로공사나 그 밖의 장애 등으로 도로의 우측 부분을 통행할 수 없는 경우

④ 우측 부분의 도로 폭이 차의 통행에 충분한 경우

33 도로의 중앙을 통행할 수 있는 행렬로 올바른 것은?

① 지역축제의 행렬

② 장의 행렬

③ 학생의 행렬

④ 사회적으로 중요한 행사에 따른 시가행진

해 **도로의 중앙통행** : 행렬 등은 일정한 경우 차도의 우측을 통행해야 하지만, 사회적으로 중요한 행사에 따라 시가를 행진하는 경우에는 도로의 중앙을 통행할 수 있다.

34 교통안전표지판만 설치되어 있는 철길건널목은 몇 종에 해당되는가?

① 1종 건널목   ② 2종 건널목

③ 3종 건널목   ④ 4종 건널목

35 길가장자리구역에 대한 설명 중 맞는 것은?

① 보행자가 도로를 횡단할 수 있도록 설치한 장소이다.

② 차도가 구분된 도로에 설치한다.

③ 보행자의 안전을 위하여 표시한 도로의 부분이다.

④ 자동차의 고장 등 긴급시 주·정차를 하기 위한 곳이다.

해 **길가장자리구역** : 보도와 차도가 구분되지 아니한 도로에서 보행자의 안전을 확보하기 위하여 안전표지 등으로 그 경계를 표시한 도로의 가장자리 부분을 말한다.

36 횡단보도에 대한 설명 중 맞는 것은?

① 보행자가 횡단할 수 있도록 안전표지로써 설치하는 부분이다.

② 횡단보도는 보행자가 횡단하도록 만든 지역이다.

③ 횡단보도란 차도의 전부이다.

④ 횡단보도는 도로가 아니다.

해 횡단보도는 보행자가 도로를 횡단할 수 있도록 안전표지로써 표시한 도로의 부분을 말한다.

37 다음 중 안전지대에 대한 설명으로 맞는 것은?

① 긴급자동차만 통행할 수 있도록 갓길에 설치한 도로의 부분

② 횡단보행자 및 차마의 통행안전을 위하여 차도에 설치한 도로의 부분

③ 고장차량 등이 비상주차할 수 없는 지역

④ 노폭이 넓은 도로에서 통행의 원활을 위하여 차도에 설치한 도로의 부분

해 안전지대는
㉮ 도로를 횡단하는 보행자와 차마의 안전을 위한 표지
㉯ 그 밖의 이와 비슷한 공작물로써 표시한 도로의 부분으로 광장이나 교차로지점 또는 노폭이 넓은 도로의 중앙지점에 설치하며, 안전지대에 보행자가 있을 때에는 서행하여야 하고 10m 이내에는 주·정차가 금지되며 차마 등은 안전지대에 진입해서는 안 된다.

38 신호기가 표시하는 신호와 경찰공무원의 수신호가 다를 때 운전자의 운행방법 중 옳은 것은?

① 신호기의 체제에 먼저 따라야 한다.
② 경찰공무원의 신호에 우선적으로 따라야 한다.
③ 공무원의 신호에 따라야 한다.
④ 어느 신호에 따르든 상관이 없다.

해 도로를 통행하는 보행자 및 모든 차마의 운전자는 교통안전시설이 표시하는 신호 또는 지시와 교통정리를 위한 경찰공무원 등의 신호 또는 지시가 다른 경우에는 경찰공무원 등의 신호 또는 지시에 따라야 한다.

39 경찰공무원을 보조하는 사람에 해당되지 않는 사람은?

① 모범운전자
② 일반공무원
③ 전투경찰순경
④ 작전에 동원되는 군사경찰(헌병)

해 경찰공무원의 보조에 해당하는 사람은 모범운전자, 전투경찰, 헌병 등이다.

40 교차로상의 황색등화의 신호가 표시하는 의미는?

① 교차로 또는 횡단보도의 정지선에 차마가 정지해야 한다.
② 보행자는 횡단할 수 있다.
③ 차마는 좌회전할 수 있다.
④ 차마는 서행하여야 한다.

해 황색등화의 신호표시는 주의를 요하는 신호로서 횡단보도 정지선에 정지해야 한다.

41 4색의 차량신호등을 횡으로 좌측부터 배열할 경우 맞는 것은?

① 적색 – 녹색 – 황색 – 녹색화살표시
② 황색 – 녹색 – 녹색화살표시 – 적색
③ 녹색 – 황색 – 녹색화살표시 – 적색
④ 적색 – 황색 – 녹색화살표시 – 녹색

해 4색등화를 횡으로 배열할 경우 좌측부터 적색 – 황색 – 녹색화살표시 – 녹색의 순서로, 등화를 종으로 배열할 경우 위로부터 적색 – 황색 – 녹색화살표시 – 녹색의 순서로 한다.

42 다음 중 신호기에 대한 내용으로 볼 수 없는 것은?

① 사람이나 전기, 태양열 등의 힘을 이용하여 조작시킨다.
② 도로노면상에 문자, 기호 등을 표시된 신호등으로 대체한다.
③ 방향, 전환, 진행 및 주의 등의 신호표시를 말한다.
④ 문자, 기호 또는 등화 등으로 표시할 수 있다.

해 신호기 : 도로교통에 관하여 문자, 기호 또는 등화로써 진행, 정지, 방향전환, 주의 등의 신호를 표시하기 위하여 사람이나 전기의 힘에 의하여 조작되는 장치이다.

43 도로교통법상 야간에 고속도로 또는 자동차전용도로에서 자동차가 고장 난 경우, 안전삼각대와 함께 설치하여야 하는 적색의 섬광신호, 전기제등 또는 불꽃신호는 사방 몇 미터 지점에서 식별할 수 있는 것이어야 하는가?

① 100m   ② 200m
③ 500m   ④ 800m

44 자동차전용도로에서의 최고제한속도는 시속 몇 km인가?

① 85km/h   ② 90km/h
③ 100km/h   ④ 110km/h

45 택시가 정차할 수 없는 곳에서 손님을 태울 때 가장 적절한 정차방법은?

① 서행하면서 손님을 태운다.
② 손님을 태우지 않고 그냥 지나간다.
③ 정차할 수 있는 곳까지 손님을 유도하여 태운다.
④ 가능한 빨리 손님을 태운다.

46 자동차의 최고속도에 대한 설명이다. 맞는 것은?

① 자동차전용도로 - 매시 100km
② 자동차전용도로 - 매시 90km
③ 편도 2차로 일반도로 - 매시 70km
④ 편도 2차로 일반도로 - 매시 60km

해 자동차전용도로에서 최고속도는 매시 90km이고, 편도 2차로 이상 일반도로에서 최고속도는 매시 80km이다.

47 이상기후 시 최고속도의 100분의 50으로 감속하여 운전하여야 할 경우가 아닌 것은?

① 눈이 30mm 이상 쌓인 때
② 폭우, 폭설, 안개 등으로 가시거리가 150m 이내인 때
③ 노면이 얼어 붙은 때
④ 비가 내려 노면이 젖어 있는 때

해 비가 내려 노면이 젖어 있을 때에는 20% 감속해야 한다.

48 60km/h로 규정된 일반도로에 비로 내려 노면이 젖어 있는 경우 최고속도는 얼마인가?

① 30km/h   ② 48km/h
③ 50km/h   ④ 60km/h

49 노면에 눈이 15mm 쌓인 경우 감속기준으로 알맞은 것은?

① 20% 감속   ② 50% 감속
③ 감속하지 않는다.   ④ 40% 감속

해 눈이 20mm 미만 쌓인 노면에서는 20% 감속운행하여야 한다.

50 최고속도 50/100을 줄인 속도로 통행해야 하는 경우가 아닌 것은?

① 폭우, 폭설 안개 등으로 가시거리가 100m 이내인 경우
② 눈이 20mm 이상 쌓인 경우
③ 비가 내려 노면이 젖어 있는 경우
④ 노면이 얼어 빙판인 경우

51 교통정리가 행하여지고 있지 않은 신호등 없는 교차로에 진입하고자 할 때 다음 중 우선순위가 가장 높은 차는?

① 도로의 폭이 서로 같은 교차로에 동시에 진입할 때 좌회전하는 차
② 도로의 폭이 서로 다른 경우 넓은 도로에서 진입하는 차
③ 도로의 폭이 서로 같은 교차로에 동시에 진입할 때 좌측도로에서 진입한 차
④ 먼저 교차로에 진입한 차

52 제2종 보통운전면허로 운전할 수 없는 자동차는 어느 차종인가?

① 승용자동차, 원동기장치자전거(125CC 이하)
② 승차정원 10인 이하의 승합자동차
③ 총중량 3.5톤 이하 일반화물자동차
④ 125cc 초과 이륜자동차

53 현행 어객자동차 운수사업법령에 따른 중대한 교통사고에 해당되는 것은?

① 사망자 1명인 사고
② 중상자 5명인 사고
③ 사망자 1명과 중상자 3명 이상인 사고
④ 경상자 6명 이상인 사고

54 운전면허 종류에 따른 운전할 수 있는 차량의 연결이 잘못된 것은?

① 측차부를 포함한 2륜 자동차 - 제2종 소형면허
② 승차정원 10인 이상의 승합자동차 - 제2종 보통면허
③ 적재중량 12톤 미만의 화물자동차 - 제1종 보통면허
④ 견인차 또는 구난차 이외의 특수자동차 - 제1종 대형면허

55 고속도로에서 운전자는 안전띠를 착용했지만 승객이 안전띠를 착용하지 않았을 때의 처벌은?

① 운전자에게 범칙금 4만 원
② 운전자에게 과태료 3만 원
③ 승객에게 범칙금 4만 원
④ 승객에게 과태료 3만 원

56 다음 중 제2종 보통면허로 운전할 수 있는 차량으로 틀린 것은?

① 승용자동차
② 원동기장치자전거
③ 적재중량 4t 이하의 화물자동차
④ 12인승 이하의 승합자동차

해 ④는 승차정원 10인승 이하의 승합자동차라야 옳은 내용이다.

57 운전면허의 종류와 구분에 대한 설명 중 맞는 것은?

① 제2종 면허는 대형·보통·소형·특수면허로 구분한다.
② 제1종 면허는 보통·특수·원동기장치자전거면허로 구분한다.
③ 연습면허는 제1종 대형·보통연습면허와 제2종 보통연습면허로 구분한다.
④ 제1종 면허는 대형·보통·소형·특수면허로 구분한다.

58 택시기사 A씨는 정당한 사유없이 여객의 승차를 거부하는 행위(승차거부)를 하였다. (단, 택시기사 A씨의 승차거부는 이번이 처음이다.) 택시운송사업의 발전에 관한 법령에 따르면 택시기사 A씨에 대한 과태료 처분은?

① 5만 원   ② 20만 원
③ 30만 원   ④ 60만 원

59 전방의 황색등화가 점멸하고 있을 때의 옳은 통행방법은?

① 일시정지 후 다른 교통에 주의하면서 진행한다.
② 다른 교통에 주의하면서 시행한다.
③ 직진 또는 우회전할 수 있다.
④ 교차로 직전에 정지하여 대기한다.

60 녹색등화에서 교차로 내를 직진 중에 황색등화로 바뀌었다. 올바른 통행방법은?

① 일시정지하여 좌우를 확인한 후 진행한다.
② 교차로 내에 진입하였다면 계속 진행하여 교차로 밖으로 나간다.
③ 일시정지하여 다음 신호를 기다린다.
④ 속도를 줄여 서행하면서 진행한다.

| 정답 | 53 ③ 54 ② 55 ② 56 ④ 57 ④ 58 ② 59 ② 60 ②

교통관련법규
여객자동차운수사업법
안전운행
운송 서비스
응급조치와 실패소생법
지리
모의고사

61 전방의 적색신호등이 점멸하고 있을 때는?

① 주의하면서 진행한다.
② 일시정지 후 서행한다.
③ 직진이 금지된다.
④ 좌회전할 수 있다.

62 다음 설명 중 무면허 운전행위로 볼 수 없는 것은?

① 국제면허증을 소지한 외국인이 국내에서 1년이 경과되지 않은 자
② 오토차량 운전면허로 스틱차량을 운전한 경우
③ 건설기계를 제1종 소형면허로 운전한 경우
④ 운전면허 정지기간 중에 운전한 경우

63 무면허운전에 관한 설명 중 맞는 것은?

① 무면허운전을 하였다고 형사처벌되는 것은 아니다.
② 면허시험에 합격만 하면 무면허운전은 아니다.
③ 제2종 보통면허로 60cc 이륜차를 운전하면 무면허운전이다.
④ 운전면허 효력정지기간 중의 운전행위도 무면허운전이다.

🖼 무면허운전자란 면허를 받지 않고 운전하는 자, 적성검사기간이 지난 자, 면허취소자, 면허차종이 다른 자 등이다.

64 행정처분인 운전면허 취소 처분이 될 수 없는 경우는?

① 음주운전(혈중알코올농도 0.09%)
② 면허정지기간 중의 운전
③ 공동위험행위 또는 난폭운전
④ 음주측정 3회 이상 거부

65 면허정지기간 중에 운전하여 면허증이 취소된 경우에 운전면허 응시제한 기간은?

① 1년   ② 2년
③ 4년   ④ 5년

66 도로교통법령상 앞지르기 금지 장소로 정해 있지 않는 장소는?

① 교차로   ② 자동차 전용차로
③ 터널 안   ④ 도로 위

67 앞지르기를 하는 운전자 행위로 올바른 것은?

① 전조등을 점등한 후 양쪽으로 앞지르기를 한다.
② 터널 안은 앞지르기할 수 있는 장소이다.
③ 앞차의 좌측으로 앞지르기를 한다.
④ 앞차의 우측으로 앞지르기를 한다.

🖼 앞지르기할 때 운전자의 운행방법은 반드시 앞차 좌측으로 안전하게 신속히 앞지르기를 하여야 한다.

68 다음은 앞지르기가 금지된 장소이다. 맞지 않는 장소는?

① 비탈길의 고갯마루 부근
② 터널 내
③ 지방경찰청장이 앞지르기 금지구역으로 지정한 곳
④ 도로 갓길 모든 곳

🖼 앞지르기 금지장소 : 교차로, 터널 안, 다리 위와 도로의 구부러진 곳, 비탈길의 고갯마루 부근 또는 가파른 비탈길의 내리막 등 지방경찰청장이 안전표지에 의해 지정한 곳 등

69 일반 교차로에서의 동행 방법에 대한 설명으로 옳지 않은 것은?

① 우회전하고자 할 때 도로 우측 가장자리로 미리 진입하면 교통혼잡의 우려가 있으므로 교차로 바로 직전에서 우측 가장자리로 진입한다.

② 교통정리를 하고 있지 않고 교차로에 들어가려고 할 때에는 다른 차의 진행을 방해하지 않도록 일시정지하거나 양보를 해야 한다.

③ 우회전이나 좌회전을 하기 위해 손이나 방향지시기 등으로 신호를 하는 차가 있는 경우에는 신호를 한 차의 진행을 방해하면 안 된다.

④ 좌회전할 때는 미리 도로의 중앙선을 따라 서행하면서 교차로의 중심 안쪽을 이용하여 좌회전하여야 한다.

70 교차로에 진입하는 차량의 우선 순위에 대한 설명으로 옳지 않은 것은?

① 교차로의 진입 시 속도가 빠른 자동차가 통행 우선권을 갖게 된다.

② 도로의 폭이 좁은 도로에서 진입하는 차량이 폭이 넓은 도로에서 진입하는 차에게 양보하여야 한다.

③ 동시에 진입하는 경우에는 우측도로에서 진입하는 차가 우선이다.

④ 좌회전할 경우에는 직진하거나 우회전 하는 차에게 진로를 양보해야 한다.

71 다음 중 통행의 우선순위에 대한 설명으로 옳은 것은?

① 긴급자동차 - 승용차 - 승합자동차

② 원동기장치자전거 - 일반자동차 - 긴급자동차

③ 긴급자동차 - 승용차 - 원동기장치자전거

④ 승용자동차 - 긴급자동차 - 원동기장치자전거

해 **통행의 우선순위**: 긴급자동차 - 긴급자동차 외 자동차 - 원동기장치자전거 순이다.

72 도로의 폭이 서로 다른 교차로에서 폭이 좁은 도로의 버스와 넓은 도로에서 진입하는 건설기계 중 통행우선순위의 차는?

① 좁은 도로의 승객을 태운 승용차가 우선한다.

② 먼저 신호한 차가 우선한다.

③ 폭이 넓은 도로의 건설기계가 우선한다.

④ 건설기계는 승용차의 진입을 방해해서는 안 된다.

해 **교차로**: ' + '자로, 'T'자로 그 밖의 둘 이상의 도로(차도)가 교차하는 부분이다.

73 다음 중 통행우선순위가 가장 우선하는 차는?

① 모범택시 운전차량

② 승객을 태운 소형차량

③ 생명이 위급한 환자를 병원에 후송 중인 화물자동차

④ 승객을 태운 영업용 택시

해 우선순위의 차량진입은 긴급자동차→일반자동차→원동기장치자전거 순이다.

74 교통정리가 행하여지고 있지 않은 도로로 교통이 빈번한 교차로를 통과할 때의 방법은?

① 일시정지하여야 한다.

② 서행하여야 한다.

③ 신속하게 통과하여야 한다

④ 좌·우를 살피면서 그냥 지나간다.

해 교차로 등에서 교통정리가 행해지고 있지 않을 때에는 일시정지하여 좌·우 확인 후 통과하여야 한다. 모든 차는 일시정지하거나, 양보하여 다른 차의 진행을 방해해서는 안 된다.

75 다음 중 긴급자동차의 종류가 아닌 것은?

① 레커   ② 구급차

③ 소방차   ④ 혈액 공급차량

교통관련법규

여객자동차운수사업법

안전운행

운송서비스

응급조치와 실패소생법

지리

모의고사

76 긴급자동차에 대한 설명으로 가장 맞는 것은?

① 긴급자동차로서 그 본래의 긴급한 용도로 사용되고 있는 중인 자동차를 말한다.
② 수사기관의 자동차도 긴급자동차이다.
③ 위험물을 운반 중인 자동차를 말한다.
④ 소방차, 구급차는 언제나 긴급자동차이다.

해 **긴급자동차** : 소방자동차, 구급자동차, 그 밖에 대통령령이 정하는 자동차로서 그 본래의 긴급한 용도로 사용되고 있는 자동차이다.

77 다음 중 긴급자동차의 특례로 볼 수 없는 것은?

① 긴급자동차는 긴급한 경우에는 도로의 중앙이나 좌측 부분을 통행할 수 있다.
② 긴급자동차는 정지해야 하는 경우에도 긴급하고 부득이한 경우에는 정지하지 아니할 수 있다.
③ 긴급자동차는 긴급하고 부득이한 경우에는 끼어들기를 할 수 있다.
④ 긴급자동차 운전자는 교통사고 시 교통사고처리특례법이 적용되지 않는다.

78 다음 중 주차금지장소로 맞는 것은?

① 교차로, 횡단보도 등은 주차만 금지된다.
② 화재경보기로부터 3m 이내에는 주차만 금지된다.
③ 터널 안, 다리 위는 정차가 금지된다.
④ 도로공사구역 가장자리로부터 5m 이내에는 정차가 금지된다.

해 **주차금지장소** :
　① 터널 안 및 다리 위
　② 화재경보기로부터 3m 이내의 곳
　③ 다음의 곳으로부터 5m 이내의 곳
　　㉠ 소방용 기계·기구가 설치된 곳
　　㉡ 소방용 방화물통
　　㉢ 흡수구나 흡수관구멍
　　㉣ 도로공사하는 경우 양쪽 가장자리

79 다음 정차에 대한 설명 중 맞는 것은?

① 화물차에 짐을 싣기 위해서 계속 운행하고 있는 상태
② 운전자가 즉시 운전할 수 없을 때
③ 5분을 초과하지 않고 정지하는 것으로 운전자가 즉시 출발할 수 있는 상태
④ 5분 이상 엔진의 시동을 꺼 두고 정지하여 즉시 출발할 수 없는 상태

해 ㉮ **주차** : 운전자가 승객을 기다리거나, 화물을 싣거나, 고장이나 그 밖의 사유로 인하여 차를 계속하여 정지상태에 두는 것 또는 운전자가 차로부터 떠나서 즉시 그 차를 운전할 수 없는 상태에 두는 것
　㉯ **정차** : 운전자가 5분을 초과하지 아니하고 차를 정지시키는 것으로서 주차 외의 정지상태

80 운전면허 행정처분인 벌점 60점에 해당되는 법규위반은?

① 신호, 지시위반
② 속도위반 20km/h 초과 40km/h 이하
③ 앞지르기 금지 시기, 장소 위반
④ 속도 위반 60km 초과

81 운전면허 행정처분인 벌점 40점에 해당되지 않는 법규위반은?

① 주차 정차 위반에 대한 조치불응
② 공동위험행위 또는 난폭운전으로 형사입건
③ 승객이 차내 소란행위 방치운전시
④ 철길건널목 사고

82 운전면허 행정처분인 벌점 30점에 해당되지 않는 법규위반은?

① 중앙선 침범
② 고속도로 갓길운행
③ 운전면허증 제시의무 위반
④ 신호 및 지시위반

| 📖 정답 | 76 ① 77 ④ 78 ② 79 ③ 80 ④ 81 ④ 82 ④

83 사고 결과에 의한 인적피해의 벌점기준에서 벌점이 2점인 경우는?

① 부상신고 1명마다
② 사망 1명마다
③ 경상 1명마다
④ 중상 1명마다

84 운전면허 벌점기준이 되는 신체상해의 연결이 잘못된 것은?

① 사망 - 72시간 이내의 사망
② 중상 - 3주 이상의 치료를 요하는 진단
③ 경상 - 3주 미만 5일 이상 치료를 요하는 진단
④ 부상신고 - 10일 미만의 치료를 요하는 진단

85 다음은 사망사고에 대한 설명이다. 틀린 것은?

① 행정상의 구분은 교통사고 발생 후 72시간 내에 사망한 것을 말한다.
② 통계상의 구분은 사고 발생 후 30일 이내에 사망한 것을 말한다.
③ 교통사고 발생 후 72시간이 지난 후 사망한 경우에는 사고 운전자의 형사책임은 피해자가 부상한 경우와 동일하게 처벌된다.
④ 교통사고 발생 후 72시간이 지난 후 사망한 경우라도 사망의 원인이 교통사고에 기인되었다면 사고 운전자는 사망사고에 대한 형사책임이 있다.

86 운전면허증 등의 제시의무위반 또는 운전자 신원확인을 위한 경찰공무원의 질문에 불응한 경우 벌점은?

① 10점   ② 15점
③ 30점   ④ 60점

87 다음의 교통법규위반시 벌점이 가장 큰 범칙행위는?

① 술에 취한 상태의 기준을 넘어서 운전한 때 (0.03~0.08% 미만의 혈중 알코올농도 기준)
② 운전자가 단속 경찰공무원 등에 대한 폭행으로 형사입건된 때
③ 면허증갱신기간 만료일 다음날부터 면허증갱신을 받지 아니하고 두 달이 경과한 때
④ 출석기간 또는 범칙금납부기간 만료일부터 60일이 경과된 때까지 즉결심판을 받지 아니한 때

해 ① 100점, ② 90점, ③ 110점, ④ 40점

88 운전면허행정처분 감경사유가 되는 자는 운전면허정지기간을 얼마로 감경받게 되나?

① 2분의 1 감경   ② 3분의 1 감경
③ 10일 감경   ④ 1개월 감경

89 다음 중 운전면허 취득결격기간(취소 기간)이 3년인 것은?

① 사람을 사상케 한 후 구호조치 없이 사고현장을 이탈한 자
② 무면허자로서 타인의 자동차를 훔쳐 운전한 경우
③ 경찰관의 음주 측정을 3회 이상 거부한 자
④ 다른 사람의 자동차를 훔친 자

90 사고발생 시 취할 단계로 적당한 것은?

① 사고보고 - 부상자 치료 - 현장보존 - 정보수집
② 사고보고 - 부상자 치료 - 정보수집 - 현장보존
③ 현장보존 - 부상자 응급치료 - 사고보고 - 정보수집
④ 부상자 응급치료 - 현장보존 - 사고보고 - 정보수집

해 사고발생시 처리의 수습단계로서 먼저 현장보존, 후속사고 예방방지, 부상자 응급치료와 관할파출소에 사고 후 사고정보 등을 보고한다.

교통관련법규
여객자동차운수사업법
안전운행
운송 서비스
응급조치와 상해구명법
지리
모의고사

┃ 📖 정답 ┃ 83 ① 84 ④ 85 ③ 86 ③ 87 ③ 88 ① 89 ② 90 ③

01 목적

이 법은 업무상과실 또는 중대한 과실로 교통사고를 일으킨 운전자에 대한 형사처벌 등의 특례를 정함으로써 교통사고로 인한 피해의 신속한 회복을 촉진하고 국민생활의 편익을 증진함을 목적으로 한다.

02 처벌의 특례

(1) 처벌의 원칙

차의 운전자가 교통사고로 인하여 형법 제268조의 죄(업무상과실·과실치사상죄)를 범한 때에는 5년 이하의 금고 또는 2천만 원 이하의 벌금에 처한다.

(2) 반의사불벌

① **특례의 적용**: 차의 교통으로 업무상과실치상죄 또는 과실치상죄와 도로교통법 제151조(업무상과실·과실손괴죄)의 죄를 범한 운전자에 대하여는 피해자의 명시한 의사에 반하여 공소를 제기할 수 없다.

② **예외**: 차의 운전자가 업무상과실치상죄 또는 과실치상죄를 범하고 피해자를 구호하는 등의 조치를 하지 아니하고 도주하거나 피해자를 사고장소로부터 옮겨 유기하고 도주한 경우와 중대법규 12개 항목 위반행위로 인하여 동죄를 범한 때에는 반의사불벌특례의 적용을 배제한다.

03 특례법상의 도주 및 사망사고 운전자 처벌

(1) 사망사고

① 교통사고로 인한 사망은 피해자가 사고로부터 72시간 내에 사망한 때를 말한다. 그러나 이는 행정상의 구분일 뿐 72시간이 경과된 이후라도 사망의 원인이 교통사고인 때에는 사고운전자에게는 형사책임이 부과된다.

② 사망사고는 그 피해의 숭대성과 심각성으로 말미암아 사고 차량이 보험이나 공제에 가입되어 있더라도 이를 반의사불벌죄의 예외로 규정하여 처벌한다.

(2) 도주사고

① **특정범죄가중처벌등에 관한법률 제5조의3**(도주차량운전자의 가중 처벌) : 자동차·원동기장치자전거 또는 궤도차의 교통으로 인하여 형법 제268조의 죄를 범한 사고운전자가 피해자를 구호하는 등의 조치를 취하지 아니하고 도주한 때에는 다음의 구분에 따라 가중처벌한다.

　ㄱ. 피해자를 치사하고 도주하거나, 도주 후에 피해자가 사망한 때에는 무기 또는 5년 이상의 징역에 처한다.

　ㄴ. 피해자를 치상한 때에는 1년 이상의 유기징역 또는 500만 원 이상 3천만 원 이하의 벌금에 처한다.

② 사고운전자가 피해자를 사고장소로부터 옮겨 유기하고 도주한 때에는 다음의 구분에 따라 가중처벌한다.

　ㄱ. 피해자를 치사하고 도주하거나 도주 후에 피해자가 사망한 때에는 사형·무기는 5년 이상의 징역에 처한다.

　ㄴ. 피해자를 치상한 때에는 3년 이상의 유기징역에 처한다.

04 형사처벌

(1) 사고 결과에 의한 처벌

① 피해자 사망

② 피해자 중상

③ 사고 후 도주

(2) 12개 중대과실 항목의 원인에 의한 처벌

① 무면허 운전 사고

② 음주운전 사고

③ 중앙선침범 사고

④ 신호 및 지시위반 사고

⑤ 제한속도 위반 사고(규정속도 20km/h 초과)

⑥ 횡단보도 보행자 보호의무 위반 사고

⑦ 앞지르기방법 및 금지위반 사고

⑧ 보도침범 및 보도횡단방법 위반 사고

⑨ 승객 추락방지의무 위반 사고

⑩ 철길건널목 통과방법위반 사고

⑪ 어린이 보호구역 안전운전 의무 위반 사고

⑫ 적재화물 고정조치의무 위반 사고

| 적재화물 고정조치의무 위반 사고 |

적재화물 고정조치의무 위반 사고란 자동차의 화물이 떨어지지 않도록 필요한 조치를 하지 아니하고 운전한 결과 발생한 사고를 말한다.

「도로교통법」에서는 모든 차의 운전자는 적재중량 및 적재용량에 관해 대통령령이 정하는 기준을 넘어서 적재하지 못하도록 하고 있고, 모든 차의 운전자는 운전 중 적재한 화물이 도로에 떨어지지 않도록 덮개를 씌우거나 묶는 등 확실히 고정될 수 있는 조치를 해야 한다고 명시하고 있다.

또한 적재화물 고정조치 위반 시 처벌은
① 화물이 떨어지지 아니하도록 필요한 조치를 하지 아니하고 운전한 운전자는 20만 원 이하의 벌금이나 구류 또는 과료에 처한다.
② 화물자동차 운수사업법에 의해 운송사업자에 대해서 500만 원 이하의 과태료를 부과한다.

제3장

특정범죄 가중처벌 등에 관한 법률

【특정범죄 가중처벌 등에 관한 법률상 도로교통과 관련된 규정】

(1) 도주차량 운전자의 가중처벌

① **단순도주의 경우**: 자동차·원동기장치자전거의 교통으로 인하여 「형법」제268조의 죄(업무상과실·중과실 치사상죄)를 범한 사고 차량의 운전자가 피해자를 구호하는 등 교통사고 발생 시의 조치를 하지 아니하고 도주한 경우에는 다음의 구분에 따라 가중처벌한다.

　ㄱ. 피해자를 사망에 이르게 하고 도주하거나, 도주 후에 피해자가 사망한 경우에는 무기 또는 5년 이상의 징역에 처한다.

　ㄴ. 피해자를 상해에 이르게 한 경우에는 1년 이상의 유기징역 또는 500만 원 이상 3천만 원 이하의 벌금에 처한다.

② **유기도주의 경우**: 사고운전자가 피해자를 사고 장소로부터 옮겨 유기하고 도주한 경우에는 다음의 구분에 따라 가중처벌한다.

　ㄱ. 피해자를 사망에 이르게 하고 도주하거나, 도주 후에 피해자가 사망한 경우에는 사형, 무기 또는 5년 이상의 징역에 처한다.

　ㄴ. 피해자를 상해에 이르게 한 경우에는 3년 이상의 유기징역에 처한다.

(2) 운행 중인 자동차 운전자에 대한 폭행 등의 가중처벌

① **운전자에 대한 폭행·협박**: 운행 중(여객자동차운송사업을 위하여 사용되는 자동차를 운행하는 중 운전자가 여객의 승차·하차 등을 위하여 일시 정차한 경우를 포함)인 자동차의 운전자를 폭행하거나 협박한 사람은 5년 이하의 징역 또는 2천만 원 이하의 벌금에 처한다.

② **운전자에 대한 폭행치사상**: 운행 중인 자동차의 운전자를 폭행하여 사람을 상해에 이르게 한 경우에는 3년 이상의 유기징역에 처하고, 사망에 이르게 한 경우에는 무기 또는 5년 이상의 징역에 처한다.

(3) 위험운전 치사상

음주 또는 약물의 영향으로 정상적인 운전이 곤란한 상태에서 자동차(원동기장치자전거 포함)를 운전하여 사람을 상해에 이르게 한 사람은 1년 이상 15년 이하의 징역 또는 1천만 원 이상 3천만 원 이하의 벌금에 처하고, 사망에 이르게 한 사람은 무기 또는 3년 이상의 징역에 처한다.

01 교통사고처리특례법의 제정 목적을 올바르게 설명한 것은?

① 업무상 과실로 인한 사고인 경우 교통사고로 인한 피해의 신속한 회복을 촉진하고 국민생활의 편익을 증진 시키기 위해
② 자동차 사고의 피해인 교통소통의 원활을 위해
③ 도로교통법에서 정해지지 않는 내용을 보완하기 위해
④ 사고 운전자의 처벌을 강화하기 위해

02 차의 운전자가 업무상 과실, 중대한 과실로 사람을 사상하게 한때 교통사고처리특례법상 처벌은?

① 2년 이하의 금고 또는 100만 원 이하의 벌금
② 3년 이하의 금고 또는 300만 원 이하의 벌금
③ 5년 이하의 금고 또는 2,000만 원 이하의 벌금
④ 4년 이하의 금고 또는 500만 원 이하의 벌금

해 5년 이하의 금고 또는 2,000만 원 이하의 벌금에 처하도록 되어 있다(교통사고처리특례법 제3조 제1항).

03 교통사고로 인하여 형법상 업무상과실 치사상죄를 범하게 된 경우 법정형의 양형기준은?

① 1년 이하의 금고형 또는 500만 원 이하의 벌금
② 3년 이하의 금고형 또는 1천만 원 이하의 벌금
③ 5년 이하의 금고형 또는 1천만 원 이하의 벌금
④ 5년 이하의 금고형 또는 2천만 원 이하의 벌금

04 교통사고처리특례법상 종합보험에 가입하였을 때 형사처벌대상이 아닌 사고는?

① 신호위반사고
② 앞지르기 위반사고
③ 신호등이 없는 교차로 통과방법 위반사고
④ 중앙선침범사고

해 교차로상에서 신호등이 없는 지역에서는 교통사고 발생시(인적·물적 사고) 일반사고로 처리된다.

05 다음 중 교통사고처리특례법상 피해자의 명시한 의사에 반하여 공소를 제기할 수 없는 경우는?

① 중앙선침범 운행사고
② 정비불량차 운행 중 사고
③ 신호 또는 지시위반사고
④ 제한속도를 매시 20km 초과한 사고

해 교통사고처리특례법상의 중대법규 12개 항목사고는 반의사불벌의 특례적용이 배제된다.

06 교통사고처리특례법상 우선 지급할 통상비용에 해당되는 것은?

① 대물배상액의 100분의 30
② 안경, 의족, 보철구 등의 비용
③ 상실 수익액의 100분의 50
④ 사망보상금 지급

해 우선 지급할 치료비에 관한 통상비용의 범위
　① 진찰료
　② 일반병실의 입원료(진료상 필요로 일반병실보다 입원료가 비싼 병실에 입원한 경우에는 그 병실의 입원료)
　③ 처치·투약·수술 등 치료에 필요한 모든 비용
　④ 의지·의치·안경·보청기·보철구 기타 치료에 부수하여 필요한 기구 등의 비용
　⑤ 호송·전원·퇴원 및 통원에 필요한 비용
　⑥ 보험약관 또는 공제약관에서 정하는 환자식대·간병료 및 기타 비용

07 교통사고처리특례법상의 사고 결과에 의해 형사처벌되지 않는 사고는?

① 72시간 이내의 피해자 사망　② 피해자의 중상해
③ 사고 후 도주　④ 추락사고

| 📖 정답 | 01 ① 　02 ③ 　03 ④ 　04 ③ 　05 ② 　06 ② 　07 ④

08 교통사고처리특례법상의 중대과실 12개 항목에 속하는 것은?

① 차간거리 미확보 사고
② 전방 주시의무 위반 사고
③ 보도 침범으로 인한 사고
④ 졸음 운전 사고

09 중앙선 침범으로 인한 사고 중 공소권이 없는 사고로 처리되지 않은 것은?

① 위험 회피를 위한 중앙선 침범
② 불가항력으로 인한 중앙선 침범
③ 추돌로 인한 중앙선 침범
④ 교통체증으로 인한 중앙선 침범

10 교통사고처리특례법상 피해자의 의사를 불문하고 공소제기되는 경우는?

① 횡단보도 앞에서 사고발생 시
② 제한속도 80km/h 지점에서 시속 90km로 주행하다 발생한 인사사고
③ 횡단보도에서 중상사고가 발생한 경우
④ 교차로 내에서 중상사고가 발생한 경우

해 횡단보도사고는 횡단보도 내에서의 사고발생 시 특례적용된다.

11 교통사고처리특례법상 중앙선 침범이 적용되는 사고는?

① 빗길에도 불구하고 과속운행 중 미끄러져 일어난 중앙선 침범사고
② 빗길에 부득이하게도 미끄러져 일어난 중앙선 침범사고
③ 노상에 주차된 차량을 보고 운행 중 좌측 바퀴가 중앙선을 약간 물고 난 사고
④ 주행 중 택시가 끼어들어 불가피하게 일어난 중앙선 침범사고

해 빗길 과속(우천 시 20% 감속 이상 시)운행하다 미끄러져 일어난 중앙선 침범사고는 선행과실이나 과속에 적용되어 중앙선 침범사고로 처리된다.

12 중앙선 침범사고가 아닌 것은?

① 횡단보도 반대차로로 넘어가다 사고발생
② 공장, 아파트 내에 그어진 장소에 중앙선 침범사고 발생
③ 점선의 중앙선이 설치되어 있는 도로에서의 중앙선 침범사고
④ 중앙선을 계속 물고 오다 반대차로의 정상 주행차량과 충돌시 중앙선 침범사고

해 공장이나 아파트 내에 그어진 중앙선 침범사고 시에는 중앙선 침범사고로 보지 않는다. 즉, 법령에 의해 설치한 도로로 보지 않기 때문이다.

13 다음 중 12개 중대과실 중 앞지르기 금지장소가 아닌 곳은?

① 다리 위　　② 터널 안
③ 교차로 상　④ 노인 보호 구역

14 승객추락사고로 인정되지 않는 것은?

① 승용, 승합, 화물, 건설기계 차량 등에 적용된다.
② 이륜차와 자전거에도 적용된다.
③ 탑승객이 승·하차 중 개문된 상태에서 발차로 추락하여 상해를 입은 경우이다.
④ 운전자가 문이 열려 있는 상태로 발차하여 발생된 사고이다.

15 교통사고처리특례법상의 과속은 규정 속도의 몇 km/h 초과를 의미하는 것인가?

① 규정 속도 초과　② 10km/h 초과
③ 20km/h 초과　　④ 50km/h 초과

│ 📖 **정답** │ 08 ③　09 ④　10 ③　11 ①　12 ②　13 ④　14 ②　15 ③

16 제한속도 초과를 과속으로 나타낼 수 있는 것은?

① 노면의 파인 흔적의 길이로 알 수 있다.

② 차량에 장착된 타코그래프(운행기록계) 판독으로 알 수 있다.

③ 사고차량을 재실험하면 알 수 있다.

④ 사고차량의 타이어를 보면 알 수 있다.

해 **경찰서에서 사용 중인 속도추정방법**：운전자의 진술, 스피드건, 타코그래프(운행기록계), 제동흔적 등

17 보도침범사고로 적용되는 경우는?

① 차량이 운행 중 도로에서 사람을 사상할 때

② 차량이 운행 중 보도침범(인도)하여 사고발생할 때

③ 차량이 운행 중 정비불량으로 갓길에서 사고발생시

④ 오토바이원동기와 차량충돌로 도로에 밀려 사상할 때

해 **보도침범에 해당하는 경우**：보도가 설치된 도로를 차체의 일부분만이라도 보도에 침범하거나 보도통행방법에 위반하여 운전한 경우이다.

18 사고야기도주에 해당되지 않는 것은?

① 사상자에 대한 인식

② 사고시 환자구호조치 후 신고 불이행

③ 환자의 구호조치 불이행

④ 사고 후 구호조치 없이 운행

해 도주사고는 사상자 인식과 환자구호조치 불이행 등을 하지 않을 경우에 적용되며, 사고 시 환자구호조치 후 신고 불이행은 사고 미신고로 처리된다.

19 적재물을 수송하는 중 적재물이 추락하여 보행자의 신체 상해 2주 진단이 있게 되는 경우 운전자의 처벌로 맞는 것은?

① 피해자와 합의하면 처벌 받지 않는다.

② 피해자가 처벌을 원하지 않으면 처벌되지 않는다.

③ 피해 보상을 하면 처벌되지 않는다.

④ 피해자의 처벌의사와 관계없이 교통사고처리특례법으로 형사처벌된다.

20 교통사고처리특례법상의 중대 과실 중 추락방지 의무 위반 사고에 적용되지 않은 자동차는?

① 승용자동차　　　　② 승합자동차

③ 화물자동차　　　　④ 이륜자동차

21 다음 중 도주사고로 처리되는 경우를 올바르게 설명한 것은?

① 충돌사고를 내고 본인이 피해자라고 주장하며 그냥 가버린 경우

② 사고 사실을 전혀 인지하지 못한 경우

③ 피해자가 병원으로 후송조치되는 것을 확인하고 연락처를 주고 온 경우

④ 사고 현장에서 경찰서로 바로 온 경우

22 교통사고처리특례법 중 중요위반 12개 항목이 아닌 것은?

① 신호위반사고　　　　② 중앙선 침범사고

③ 과속 21km/h 이상 사고　④ 안전거리 미확보사고

해 교통사고처리특례법상 교통사고 중요 12개 항목은 신호·지시 위반사고, 중앙선침범 및 횡단·유턴·후진금지 위반사고, 제한속도(20km/h 초과 사고) 위반사고, 앞지르기방법 및 금지시기·금지장소 위반사고, 철길건널목 통과방법 위반사고, 횡단보도 보행자 보호의무 위반사고, 무면허운전금지 위반사고, 음주운전·약물복용 운전금지 위반사고, 보도침범·보도통행방법 위반사고, 승객추락방지 의무 위반사고, 어린이 보호구역에서 어린이 신체상해사고, 화물적재물 추락사고 등이다.

23 다음 음주운전금지위반 중 교통사고처리특례법의 12개 항목에 적용된 주취기준은?

① 혈중 알코올농도 0.03% 이상 운전시

② 혈중 알코올농도 0.06% 이상 운전시

③ 혈중 알코올농도 0.08% 이상 운전시

④ 혈중 알코올농도 0.1% 이상 운전시

해 도로교통법상 술에 취한 상태의 기준은 혈중 알코올농도 0.03% 이상이다.

24 다음 중 신호·지시위반사항의 장소적 요건으로 볼 수 없는 것은?

① 경찰관 보조요원(모범운전자) 등의 수신호의 경우
② 지시표지판이 설치된 장소 내의 위반인 경우
③ 운전부주의의 일반과실사고의 경우
④ 신호기가 설치된 교차로 내에서의 신호위반사고인 경우

해 ③는 운전자의 과실요건에 해당한다.

25 다음 중 교통사고처리특례법상 공소권이 없음으로 처리할 수 있는 사고로 맞는 것은?

① 물적 피해만 발생된 사고
② 사망사고 발생
③ 치상사고 후 운전자도주사고
④ 12개 항목의 중대사고

해 교통사고처리특례법상 공소권이 없음으로 처리한 사고는 단순물적 피해만 발생된 사고이다.

26 교통사고를 야기한 운전자가 피해자를 사고 장소를 옮겨 유기하고 도주하였는데 피해자가 사망한 경우 처벌되는 양형 기준은?

① 3년 이하의 금고형 또는 500만 원 이하의 벌금
② 5년 이하의 금고형 또는 5천만 원 이하의 벌금
③ 무기 징역 또는 3년 이상 유기징역
④ 사형, 무기 징역 또는 5년 이상 유기징역

27 교통사고로 피해자를 사망하게 하고 도주하거나 또는 도주한 후에 피해자가 사망한 경우 도주한 운전자에게 적용하는 법은?

① 도로교통법
② 교통사고처리특례법
③ 형법
④ 특정범죄가중처벌 등에 관한 법률

28 물적피해를 야기시키고 사고 후 도주한 경우 부과되는 벌점은 얼마인가?

① 5점　② 10점
③ 15점　④ 30점

29 다음 중 승객추락방지의무 위반사고에 대한 설명으로 맞는 것은?

① 차량문이 열려 있는 상태로 운행 중 추락사고
② 차량정차 중 보행자의 잘못으로 추락한 사고
③ 차 운행 중 피해자가 고의로 출입문을 열어 일어난 추락사고
④ 화물적재함에서의 추락사고

해 승객추락방지의무 위반사고는 운전자가 운전 중 타고 있는 사람 또는 내리는 사람이 떨어지지 않도록 하기 위해 차량문을 정확히 여닫는 등의 행위를 할 의무에 위반하여 인사사고를 일으킨 경우이다.

30 택시운전자가 중상자 3명의 교통사고를 낸 경우 받아야 할 교육은 무엇인가?

① 교통안전교육
② 특별교육
③ 교통소양교육
④ 정신교육

| 제4장 | # 자동차관리법 |

01 목적

자동차의 등록, 안전기준, 자기인증, 제작결함시정, 점검, 정비, 검사 자동차리사업 등에 한 사항을 정하여 자동차를 효율적으로 처리하고 자동차의 성능 및 안전을 확보함으로써 공공의 복리를 증진함을 목적으로 한다.

02 용어의 정의

(1) 자동차

원동기에 의하여 육상에서 이동할 목적으로 제작한 용구 또는 이에 견인되어 육상을 이동할 목적으로 제작한 용구로 다음의 것을 제외한다.

① 건설기계관리법에 의한 건설기계

② 농업기계화촉진법에 의한 농업기계

③ 군수품관리법에 의한 차량

④ 궤도 또는 공중선에 의하여 운행되는 차량

(2) 자동차 분류

① 승용자동차

형태	배기량	크기
경형	1,000cc 미만	길이 3.6미터, 너비 1.6미터, 높이 2.0미터 이하
소형	1,600cc 미만	길이 4.7미터, 너비 1.7미터, 높이 2.0미터 이하
중형	1,600cc 이상 2,000cc 미만	길이·너비·높이 중 어느 하나라도 소형을 초과
대형	2,000cc 이상	길이·너비·높이 모두 소형을 초과

② 승합자동차

형태	배기량 또는 승차인원	크기
경형	배기량 1,000cc 미만	길이 3.6미터, 너비 1.5미터, 높이 2.0미터 이하
소형	승차정원 15인 이하	길이 4.7미터, 너비 1.7미터, 높이 2.0미터 이하
중형	승차정원16인 이상 35인 이하	길이·너비·높이 중 어느 하나라도 소형을 초과
대형	승차정원이 36인 이상	길이·너비·높이 모두 소형을 초과

③ 화물자동차

형태	배기량 또는 적재량	크기
경형	1,000cc 미만	길이 3.6미터, 너비 1.6미터, 높이 2.0미터 이하
소형	최대적재량 1톤 이하	총중량 3.5톤 이하
중형	최대적재량 1톤 초과 5톤 미만	중량이 3.5톤 초과 10톤 미만
대형	최대적재량 5톤 이상	총중량이 10톤 이상

④ 특수자동차

형태	배기량 또는 승차인원	크기
경형	1,000cc 미만	길이 3.6미터, 너비 1.6미터, 높이 2.0미터 이하
소형	총중량 3.5톤 이하	-
중형	총중량 3.5톤 초과 10톤 미만	-
대형	총중량이 10톤 이상	-

⑤ 이륜자동차

형태	배기량 또는 승차인원	크기
경형	배기량 50cc 미만	최고정격출력 4킬로와트 이하
소형	배기량100cc 이하	최고정격출력 11킬로와트 이하 최대적재량 60킬로그램 이하
중형	배기량 100cc 초과 260cc 이하	최고정격출력 1킬로와트 초과 1.5킬로와트 이하 최대적대량이 60킬로그램 초과 100킬로그램 이하
대형	배기량 260cc	최고정격출력 1.5킬로 와트 초과

(3) 운행

사람 또는 화물의 운송 여부에 관계없이 자동차를 그 용법에 따라 사용하는 것

(4) 자동차사용자

자동차소유자 또는 자동차소유자로부터 자동차의 운행 등에 관한 사항을 위탁받은 자

03 자동차의 등록

자동차(이륜자동차를 제외)는 자동차등록원부에 등록한 후가 아니면 이를 운행하지 못한다. 다만, 임시운행 허가를 받은 경우에는 예외로 한다.

(1) 자동차등록원부 관리

① 시·도지사는 등록원부를 비치·관리한다.

② 시·도지사는 등록원부의 전부 또는 일부가 멸실된 때에는 그 회복을 위하여 필요한 조치를 하여야 한다.

③ 국토교통부장관 또는 시·도지사는 등록원부 및 그 기재사항의 멸실·훼손 기타 부정한 유출 등을 방지하고 그 보존을 위하여 필요한 조치를 하여야 한다.

④ 등록원부의 열람이나 그 등본 또는 원본을 교부 받고자 하는 자는 시·도지사에게 신청하여야 한다.

(2) 자동차등록의 종류

1) 신규등록 : 신규로 자동차에 관한 등록을 하고자 하는 자는 시·도지사에게 신규자동차등록을 신청하여야 한다.

2) 변경등록 : 등록원부의 기재사항에 변경(이전등록 및 말소등록에 해당되는 경우를 제외)이 있을 때에는 시·도지사에게 변경등록을 신청하여야 한다.

3) 이전등록

① 등록된 자동차를 양수받는 자는 시·도지사에게 자동차소유권의 이전등록을 신청하여야 한다.

② **매매의 경우** : 매수한 날로부터 15일 이내

③ **증여의 경우** : 증여를 받은 날로부터 20일 이내

④ **상속의 경우** : 상속을 받은 날로부터 3개월 이내

4) 말소등록: 등록된 자동차가 다음의 사유에 해낭하는 경우에는 자동차등록증·등록번호판 및 봉인을 반납하고 시·도지사에게 말소등록을 신청하여야 한다.

① 자동차폐차업자에게 폐차요청을 한 경우

② 자동차 제작·판매자 등에게 반품한 경우

③ 여객자동차운수사업법에 의한 차령이 경과된 경우

④ 여객자동차운수사업법 및 화물자동차운수사업법에 의하여 면허·등록·인가 또는 신고가 실효되거나 취소된 경우

⑤ 천재지변·교통사고 또는 화재로 기능을 회복할 수 없게 되거나 멸실이 된 경우

⑥ 수출하는 경우

⑦ 압류등록을 마친 후에도 환가절차 등 후속 강제집행절차가 진행되고 있지 아니하는 차량 중 차령 등 환가가치가 남아 있지 아니하다고 인정되는 경우

⑧ 자동차를 교육·연구목적으로 사용에 해당하는 경우

5) 압류 등록: 체납처분이나 법원의 압류명령에 의한 세무서장 또는 법원의 압류등록에 대한 촉탁이 있을 때 행하는 등록

6) 부활 등록: 말소 후 재등록이나 용도변경 비사업용에 행하는 등록

04 자동차등록증 비치

자동차사용자는 자동차 안에 자동차등록증을 비치하여 운행하여야 한다. 다만, 임시운행허가증을 비치하는 경우와 피견인자동차의 경우에는 예외로 한다.

※ 관련법규 위반 시 과태료 5만 원

05 자동차의 운행제한

① 국토교통부장관은 다음에 해당하는 사유가 있다고 인정될 때에는 미리 경찰청장과 협의하여 자동차의 운행제한을 명할 수 있다.

ㄱ. 전시, 사변 또는 이에 준하는 비상사태의 대치

ㄴ. 극심한 교통체증지역의 발생 예방 또는 해소

ㄷ. 대기오염방지 기타 대통령령이 정하는 사유

② 국토교통부장관은 운행제한을 하고자 할 때에는 미리 그 목적, 기간, 지역, 제한내용 및 대상자동차의 종류 기타 필요한 사항을 공고하여야 한다.

06 자동차의 안전기준 및 자기인증

(1) 자동차의 구조 및 장치
자동차의 구조 및 장치가 안전운행에 필요한 성능과 기준에 적합하지 아니하면 이를 운행하지 못한다.

(2) 자동차의 구조·장치의 변경
① 자동차의 구조·장치를 변경하고자 하는 때에는 자동차의 소유자가 시장·군수 또는 구청장의 승인을 얻어야 한다.
② 시장·군수 또는 구청장은 자동차 구조·장치의 변경승인에 관한 권한을 한국교통안전공단에 위탁한다.

07 자동차의 검사 및 정비

1) 자동차소유자는 일정한 차령이 경과한 경우 정기검사를 받아야 한다.
2) 자동차소유자는 정기검사 결과 안전기준에 적합하지 아니하거나 안전운행에 지장이 있다고 인정될 때에는 자동차를 정비하여야 한다.

3) 점검 및 정비명령 등
① 시장·군수 또는 구청장은 다음에 해당하는 자동차의 소유자에게 점검·정비·검사 또는 원상복구를 명할 수 있다. 이 경우 기간을 정하여 당해 자동차의 운행정지를 함께 명할 수 있다.
ㄱ. 안전기준에 적합하지 아니하거나 안전운행에 지장이 있다고 인정되는 자동차
ㄴ. 승인을 얻지 아니하고 구조 또는 장치를 변경한 자동차
ㄷ. 정기검사를 받지 아니한 자동차
ㄹ. 여객자동차운수사업법 또는 화물자동차운수사업법의 규정에 의한 중대한 교통사고가 발생한 사업용 자동차
② 시장·군수 또는 구청장은 점검·정비 또는 원상복구를 명하고자 할 경우 필요하다고 인정되는 때에는 임시검사를 받을 것을 함께 명할 수 있다.

4) 자동차 검사의 종류

① 신규 검사

② 정기 검사

③ 튜닝 검사

④ 임시검사

5) 자동차검사 내용과 의의

① 운행 중인 자동차의 안전도 적합 여부 확인(브레이크, 전조등 세기와 방향, 앞바퀴 정렬, 속도계)

② 배출가스 및 소음으로부터 환경오염 예방

③ 자동차 등록 원부와 동일성 여부 확인

④ 불법구조 변경 및 개조 방지로 운행질서 확립

⑤ 자동차 사고로부터 국민의 생명과 재산 보호

6) 차종별 검사주기(자동차정기검사는 유효기간 만료일 31일 전후 가능)

검사 대상		적용 차량	검사 유효 기간
승용자동차	비사업용	차령 4년 초과 차량	2년
	사업용	차령 2년 초과 차량	1년
경형, 소형 승합 및 화물자동차	비사업용	차령 3년 초과 차량	1년
	사업용	차령 2년 초과 차량	1년
사업용 대형화물자동차		차령 2년 초과 차량	6개월

08 자동차 제원(자동차안전기준)

① **공차상태**: 자동차에 사람이 승차하지 아니하고 물품(예비 부분품 및 공구 기타 휴대물품을 포함)을 적재하지 아니한 상태로서 연료·냉각수 및 윤활유를 만재하고 예비타이어(예비타이어를 장착한 자동차만 해당)를 설치하여 운행할 수 있는 상태를 말한다.

② **차량중량**: 공차상태의 자동차 중량을 말한다.

③ **적차상태**: 공차상태의 자동차에 승차정원의 인원이 승차하고 최대적재량의 물품이 적재된 상태를 말한다. 이 경우 승차정원 1인(13세 미만인 자는 1.5인을 승차정원 1인으로 본다)의 중량은 65kg으로 계산하고, 좌석정원의 인원은 정위치에, 입석정원의 인원은 입석에 균등하게 적재시킨 상태이어야 한다.

④ **차량총중량**: 적차상태의 자동차의 중량을 말한다.

⑤ **승차정원**：자동차에 승차할 수 있도록 허용된 최대인원(운전자를 포함)을 말한다.

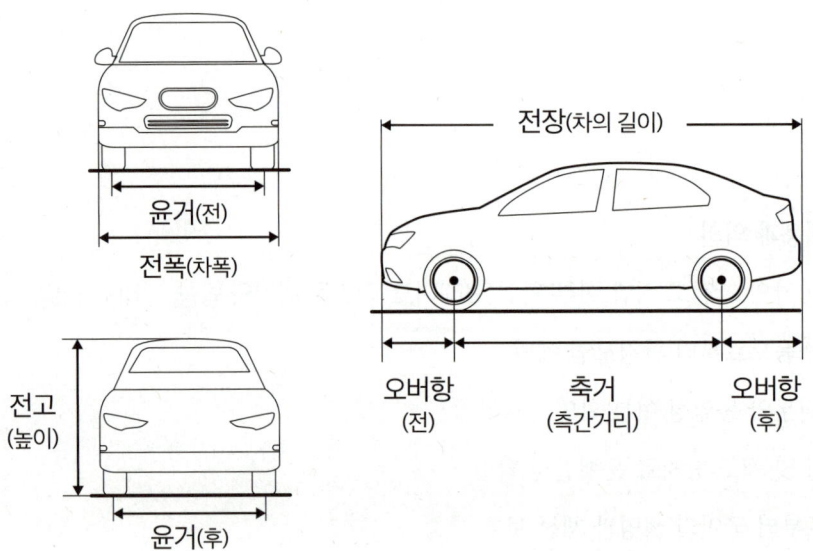

차량 제원 구조도

9 교통사고의 용어(교통사고 조사규칙)

① **충돌사고**：차가 반대방향 또는 측방에서 진입하여 그 차의 정면으로 다른 차의 정면 또는 측면을 충격한 것을 말한다.

② **추돌사고**：2대 이상의 차가 동일방향으로 주행 중 뒤차가 앞차의 후면을 충격한 것을 말한다.

③ **접촉사고** 차가 추월, 교행 등을 하려다가 차의 좌우측면을 서로 스친 것을 말한다.

④ **전도사고**：차가 주행 중 도로 또는 도로 이외의 장소에 차체의 측면이 지면에 접하고 있는 상태(좌측면이 지면에 접해 있으면 좌전도, 우측면이 지면에 접해 있으면 우전도)를 말한다.

⑤ **전복사고** 차가 주행 중 도로 또는 도로 이외의 장소에 뒤집혀 넘어진 것을 말한다.

⑥ **추락사고**：자동차가 도로의 절벽 등 높은 곳에서 떨어진 사고.

01 다음 중 자동차관리법의 목적으로 볼 수 없는 것은?

① 자동차의 안전도 확보

② 자동차의 효율적인 관리

③ 자동차의 안전기준

④ 대기환경보존기준

해 자동차의 등록·안전기준·자기인증·제작결함시정·점검·정비·검사 및 자동차관리사업 등에 관한 사항을 정하여 자동차를 효율적으로 관리하고 자동차의 성능 및 안전을 확보함으로써 공공의 복리를 증진함을 목적으로 한다.

02 다음 중 자동차관리법의 규정에 의한 자동차의 범위에 속하는 것은?

① 중고자동차

② 건설기계관리법에 의한 건설기계

③ 농업기계화촉진법에 의한 농기구

④ 군수품관리법에 의한 차량

해 건설기계관리법에 의한 건설기계, 농업기계화촉진법에 의한 농업기계, 군수품관리법에 의한 차량, 궤도 또는 공중선에 의하여 운행되는 차량은 자동차의 범위에서 제외된다.

03 다음 중 자동차의 종류로 적합한 것은?

① 승용자동차, 승합·화물자동차, 특수·이륜자동차

② 승용자동차, 승합·화물자동차, 이륜자동차

③ 승용자동차, 승합·화물자동차, 견인자동차, 이륜자동차

④ 승용자동차, 승합·특수자동차, 이륜자동차

해 자동차는 자동차의 크기·구조, 원동기의 종류, 총배기량 또는 정격출력 등 국토교통부령이 정하는 구분기준에 의하여 승용자동차, 승합자동차, 화물자동차, 특수자동차 및 이륜자동차로 구분한다.

04 다음 중 자동차관리법상 자동차 종류의 구분기준이 아닌 것은?

① 자동차의 구조　　② 원동기의 종류

③ 자동차의 크기　　④ 자동차의 성능

해 **자동차의 구분기준**: 자동차의 크기·구조, 원동기의 종류, 총배기량, 정격출력 등

05 자동차관리법상 자동차의 종류 설명 중 잘못된 것은?

① 승용자동차 – 승차정원 10인 이하의 자동차

② 승합자동차 – 승차정원 11인 이상의 자동차

③ 화물자동차 – 화물을 운송하기에 적합하게 제작된 자동차

④ 특수자동차 – 가스 또는 유류 운송을 위해 제작된 자동차

06 다음 중 자동차의 운행을 위한 법적 조치사항에 해당되는 것은?

① 신고　　　　　② 등록

③ 허가　　　　　④ 말소

해 자동차는 자동차등록원부에 등록한 후가 아니면 이를 운행하지 못한다.

| 정답 | 01 ④　02 ①　03 ①　04 ④　05 ④　06 ②

07 다음 중 자동차등록원본의 기재사항이 변경될 때 실시하는 등록은?

① 이전등록　　　　② 말소등록
③ 신규등록　　　　④ 변경등록

해 자동차소유자는 등록원부의 기재사항에 변경(이전 등록 및 말소등록에 해당되는 경우를 제외)이 있을 때에는 대통령령이 정하는 바에 의하여 시·도지사에게 변경등록을 신청하여야 한다.

08 신규등록을 하기 위해 임시로 차량을 운행 할 수 있는 임시운행 기간은 얼마인가?

① 5일 이내　　　　② 10일 이내
③ 20일 이내　　　　④ 1개월 이내

09 자동차 등록원부상의 변경등록은 사유가 발생한 날로부터 며칠 이내에 변경등록 신청을 해야 하나?

① 5일 이내　　　　② 10일 이내
③ 20일 이내　　　　④ 30일 이내

10 자동차안전기준을 규정하고 있는 법률은?

① 자동차 관리법　　② 도로운송차량법
③ 도로교통법　　　　④ 환경기준법

11 자동차관리법상 승객의 1인당 중량은 몇 kg으로 규정하는가?

① 60kg　　　　② 65kg
③ 70kg　　　　④ 75kg

해 승객의 1인 중량(무게)은 평균 65kg 기준으로 한다.

12 다음 중 자동차관리법상 자동차의 검사대상이 되지 않는 것은?

① 신규검사　　　　② 정기검사
③ 재검사　　　　　④ 튜닝검사

해 자동차검사는 신규·정기·튜닝(구조변경) 검사 및 임시검사로 구분한다.

13 승용차 운행 시 연료가 연소할 때 머플러를 통해 분출되는 미세 입자의 공해물질은?

① 일산화탄소　　　② 매연
③ 공해가스　　　　④ 황산

14 자동차 관리법상 자동차 튜닝을 하기 위해서는 누구의 승인을 받아야 하나?

① 국토교통부 장관　② 시장, 군수, 구청장
③ 지방경찰청장　　④ 경찰서장

15 자동차 튜닝검사에서 승인되는 것은?

① 총중량 증가　　　② 자동차 종류 변경
③ 안전도 저하　　　④ 불법구조제거로 원상회복

16 다음 중 자동차 이용 시 해당차량에 비치하고 운행해야 하는 것은?

① 자동차 보험증권
② 자동차 등록증
③ 자동차보험료 납입영수증
④ 자동차 영수증

해 해당차량에 비치하고 운행할 관계 서류는 자동차 등록증·검사증이다.

| 📖 정답 | 07 ④ | 08 ② | 09 ④ | 10 ① | 11 ② | 12 ③ | 13 ② | 14 ② | 15 ④ | 16 ② |

17 다음 중 자동차등록원부상 기재변경사유가 발생할 때 하는 등록으로 맞는 것은?

① 예고등록　　　　② 변경등록
③ 갱신등록　　　　④ 이전등록

🖩 자동차등록원부상 기재변경사유가 발생할 때 하는 등록은 변경등록으로 시·도지사에게 신청하여야 한다.

18 자동차 검사유효기간은 어느 시점부터 기산하는가?

① 검사 받기 전날부터 기산한다.
② 검사를 받은 날부터 기산한다.
③ 검사를 받은 다음날부터 기산한다.
④ 검사 받은 30일 후부터 기산한다.

19 자동차정기검사는 검사유효기간 만료일 전후 각각 며칠 이내에 받으면 검사유효기간 만료일에 검사를 받은 것으로 하는가?

① 15일 이내　　　　② 31일 이내
③ 90일 이내　　　　④ 6개월 이내

20 정비불량으로 위험이 발생될 우려가 있는 경우 정비명령을 내리고 운행을 정지시킬 수 있는 주체는?

① 경찰서장　　　　② 시장, 군수
③ 지방경찰청장　　④ 국토부장관

Chapter 02

여객자동차운수사업법

제1장 여객자동차운수사업법 개요

01 목적

1) 여객자동차운수사업에 관한 질서 확립

2) 여객의 원활한 운송

3) 여객자동차 운수사업의 종합적인 발달 도모

4) 공공복리 증진

02 용어의 정의

1) 여객자동차운수사업

① **여객자동차운송사업**: 다른 사람의 수요에 응하여 자동차를 사용하여 유상으로 여객을 운송하는 사업

② **자동차대여사업**: 다른 사람의 수요에 응하여 유상으로 자동차를 대여하는 사업

③ **여객자동차터미널사업**: 여객자동차터미널을 여객자동차운송사업에 사용하게 하는 사업

④ **여객자동차터미널**: 도로의 노면, 그 밖에 일반교통에 사용되는 장소가 아닌 곳으로서 승합자동차를 정류시키거나 여객을 승·하차시키기 위하여 설치된 시설과 장소

03 여객자동차운송사업의 종류

(1) 노선 여객자동차운송사업(운행계통을 정함)

자동차를 정기적으로 운행하려는 구간을 정하여 여객을 운송하는 사업

① **시내버스 운송사업**: 특별시·광역시·특별자치시 또는 시의 단일 행정구역에서 여객을 운송하는 사업으로 운행형태에 따라 광역급행형, 직행좌석형, 좌석형 및 일반형 등으로 구분된다.

② **농·어촌버스운송사업**: 군(광역시의 군은 제외)의 단일 행정구역에서 여객을 운송하는 사업으로 운행형태에 따라 직행좌석형, 좌석형 및 일반형으로 구분된다.

③ **마을버스 운송사업**: 시·군·구의 단일 행정구역에서 기점·종점의 특수성으로 다른 노선 여객자동차운송사업자가 운행하기 어려운 구간을 대상으로 여객을 운송하는 사업

④ **시외버스 운송사업** : 시내버스 운송사업, 농어촌버스운송사업, 마을버스 운송사업에 속하지 아니하는 사업으로 운행형태에 따라 고속형 · 직행형 및 일반형 등으로 구분된다.

(2) 구역 여객자동차운송사업(운행계통을 정하지 않음)

사업구역을 정하여 그 사업구역 안에서 여객을 운송하는 사업

① **전세버스 운송사업** : 운행계통을 정하지 아니하고 전국을 사업구역으로 하여 1개의 운송계약에 따라 여객을 운송하는 사업

② **특수여객자동차 운송사업** : 운행계통을 정하지 아니하고 전국을 사업구역으로 하여 1개의 운송계약에 따라 특수한 자동차를 사용하여 장례에 참여하는 자와 시체를 운송하는 사업

③ **일반택시 운송사업** : 운행계통을 정하지 아니하고 사업구역에서 1개의 운송계약에 따라 자동차를 사용하여 여객을 운송하는 사업. 이 경우 자동차는 경형 · 소형 · 중형 · 대형 · 모범형 및 고급형으로 구분한다.

④ **개인택시 운송사업** : 운행계통을 정하지 아니하고 사업구역에서 1개의 운송계약에 따라 자동차 1대를 사업자가 직접 운전하여 여객을 운송하는 사업. 이 경우 경형 · 소형 · 중형 · 대형 · 모범형 및 고급형으로 구분한다.

04 여객자동차운송사업의 결격사유

다음에 해당하는 자는 여객자동차운송사업의 면허를 받거나 등록을 할 수 없으며, 법인의 경우에는 그 임원 중에 해당하는 자가 있는 경우에도 또한 같다.

① 피성년후견인

② 금치산자 및 한정치산자

③ 파산선고를 받고 복권되지 아니한 자

④ 여객자동차운송사업법을 위반하여 징역 이상의 실형을 선고받고 그 집행이 끝나거나(집행이 끝난 것으로 보는 경우 포함) 면제된 날부터 2년이 지나지 아니한 자

⑤ 여객자동차운송사업법을 위반하여 징역 이상의 형의 집행유예를 선고받고 그 집행유예 기간 중에 있는 자

⑥ 여객자동차운송사업의 면허나 등록이 취소된 후 그 취소일부터 2년이 지나지 아니한 자

(1) 사업용자동차 운전자의 자격요건

① 사업용 자동차를 운전하기에 적합한 제2종 보통운전면허 이상의 운전면허를 보유하고 있을 것

② 20세 이상으로서 운전경력이 1년 이상일 것

③ 운전적성정밀검사(교통안전공단 시행) 기준에 적합할 것

④ 여객자동차운수사업법상의 택시운전자격 취득 제한사유에 해당하지 않을 것

(2) 운전자격을 취득할 수 없는 자

① 다음의 죄를 범하여 금고(禁錮) 이상의 실형을 선고받고 그 집행이 끝나거나 면제된 날부터 2년이 지나지 않은 자

ㄱ. 「특정강력범죄의 처벌에 관한 특례법」에 의한 살인, 약취·유인 및 인신매매, 강간과 추행죄, 성폭력범죄, 아동·청소년의 성보호 관련 죄, 강도죄, 범죄단체 등을 조직한 자

　• 도주차량운전자, 상습강도, 강도상해, 보복범죄, 위험운전치사상을 일으킨 자

　• 마약류 관리에 관한 법률에 따른 죄, 형법에 따른 상습죄 또는 그 각 미수죄

② ①에 해당하는 죄를 범하여 금고 이상의 형의 집행유예를 선고받고 그 집행유예기간 중에 있는 자

③ 자격시험일 전 5년간 음주운전 금지, 무면허운전 금지 등에 해당하여 운전면허가 취소된 자

④ 자격시험일 전 3년간 공동위험행위 및 난폭운전에 해당하여 운전면허가 취소된 자

(3) 운전 적성정밀 검사

① 신규검사 대상자

ㄱ. 신규로 여객자동차 운송사업용 자동차를 운전하려는 자

ㄴ. 여객자동차 운송사업용 자동차 또는 화물자동차 운송사업용 자동차의 운전업무에 종사하다가 퇴직한 자로서 신규검사를 받을 날부터 3년이 지난 후 재취업하려는 자(다만, 재취업일까지 무사고로 운전한 자는 제외)

ㄷ. 신규검사의 적합판정을 받은 자로서 운전적성정밀검사를 받은 날부터 3년 이내에 취업하지 아니한 자

② 특별검사 대상자

   ㄱ. 교통사고로 중상 이상의 사상(死傷)자를 발생시킨 자

   ㄴ. 과거 1년간 운전면허 행정처분기준에 따라 계산한 누산점수가 81점 이상인 자

   ㄷ. 질병, 과로, 그 밖의 사유로 안전운전을 할 수 없다고 인정되는 자인지 알기 위하여 운송사업자가 신청한 자

06 운수종사자의 교육의 종류 및 교육대상자

교육구분	대상자	교육시간	교육주기
신규교육	새로 채용된 운수종사자 (사업용자동차를 운전하다가 퇴직한 후 2년 이내에 다시 채용된 사람은 제외)	16	
보수교육	무사고·무벌점 기간이 5년 이상 10년 미만인 운수종사자	4	격년
	무사고·무벌점 기간이 5년 미만인 운수종사자		매년
	법령위반 운수종사자	8	수시
수시교육	국제행사 등에 대비한 서비스 및 교통안전증진 등을 위하여 국토교통부장관 또는 시·도지사가 교육을 받을 필요가 있다고 인정하는 운수종사자	4	필요 시

제2장 택시운송사업 관련 법

01 택시운송사업의 차량구분

① **경형**: 배기량 1,000cc 미만의 승용자동차(승차정원 5인승 이하의 것만 해당한다)

② **소형**: 배기량 1,600cc 미만의 승용자동차(승차정원 5인승 이하의 것만 해당한다)

③ **중형**: 배기량 1,600cc 이상의 승용자동차(승차정원 5인승 이하의 것만 해당한다)

④ **대형**: 배기량 2,000cc 이상의 승용자동차(승차정원 6인승 이상 10인승 이하의 것만 해당한다)

⑤ **모범형**: 배기량 1,900cc 이상의 승용자동차(승차정원 5인승 이하의 것만 해당한다)

⑥ **고급형**: 배기량 3,000cc 이상의 승용자동차

02 택시운송사업의 사업구역

① 일반택시운송사업 및 개인택시운송사업의 사업구역은 특별시, 광역시, 특별자치시 또는 시·군 단위로 한다. 다만, 대형 및 고급형 택시운송사업의 사업구역은 특별시, 광역시·도 단위로 한다.

② 시·도지사는 지역주민의 편의를 위하여 필요하다고 인정하면 지역 여건에 따라 사업구역을 별도로 정할 수 있다. 이 경우 시·도지사 별도로 정하려는 사업구역이 그 시·도지사 관할 범위를 벗어나는 경우에는 관련 시·도지사와 협의하여야 한다.

③ 국토교통부장관 또는 시·도지사가 사업구역을 별도로 정한 경우 그전에 택시운송사업자의 면허를 받은 자의 사업구역은 새로 별도로 정한 구역으로 한다.

④ 택시운송사업자가 다음의 어느 하나에 해당하는 영업을 하는 경우에는 해당 사업구역에서 하는 영업으로 본다.

ㄱ. 해당 사업구역에서 승객을 태우고 사업구역 밖으로 운행하는 영업

ㄴ. 해당 사업구역에서 승객을 태우고 사업구역 밖으로 운행한 후 해당 사업구역으로 돌아오는 도중에 사업구역 밖에서 하는 일시적인 영업

03 택시의 차령

구분		차령
개인 택시	경형·소형	5년
	배기량 2,400cc 미만	7년
	배기량 2,400cc 이상(전기자동차 포함)	9년
일반 택시	경형·소형	3년 6개월
	배기량 2,400cc 미만	4년
	배기량 2,400cc 이상(전기자동차 포함)	6년

04 택시운송사업용 표시 및 설비 사항

(1) 표시

① 자동차의 종류("경형", "소형", "중형", "대형")

※ "대형"은 승합자동차를 사용하는 경우로 한정하고, "고급형"은 표시하지 않는다.

② 관할관청(특별시, 광역시, 특별자치시 및 특별자치도는 제외)

③ 여객자동차 운송가맹사업자 상호(여객자동차 운송가맹점으로 가입한 개인택시운송사업자만 해당)

④ 그 밖에 시·도지사가 정하는 사항

(2) 장치 및 설비

① 택시(고급형 택시는 제외)의 안에는 여객이 쉽게 볼 수 있는 위치에 요금미터기를 설치해야 한다.

② 모범택시 및 대형택시에는 요금영수증 발급과 신용카드 결제가 가능하도록 관련기기를 설치해야 한다.

③ 택시 안에는 난방장치 냉방장치를 설치해야 한다.

④ 택시 윗부분에는 택시임을 표시하는 설비를 설치하고, 빈차로 운행 중일 때에는 외부에서 빈차임을 알 수 있도록 하는 조명장치가 자동으로 작동되는 설비를 갖춰야 한다(다만, 고급형 택시는 택시의 윗부분에 택시임을 표시하는 설비를 부착하지 아니하고 운행할 수 있다).

⑤ 모범택시, 대형택시는 호출설비를 갖춰야 한다.

⑥ 택시운송사업자(고급형 택시운송사업자는 제외)는 택시 미터기에서 생성되는 택시운송사업용 자동차운행 정보의 수집·저장장치 및 정보의 조작을 막을 수 있는 장치를 갖추어야 한다.

⑦ 그 밖에 국토교통부장관이나 시·도지사가 지시하는 설비를 갖춰야 한다.

(1) 일반기준

① 위반행위가 둘 이상인 경우로서 그에 해당하는 각각의 처분기준이 다른 경우에는 그 중 무거운 처분기준에 따른다.

　다만, 둘 이상의 처분기준이 모두 자격정지인 경우에는 각 처분기준을 합산한 기간을 넘지 아니하는 범위에서 무거운 처분기준의 2분의 1 범위에서 가중할 수 있다. 이 경우 그 가중한 기간을 합산한 기간은 6개월을 초과할 수 없다.

② 위반행위의 횟수에 따른 행정처분의 기준은 최근 1년간 같은 위반행위로 행정처분을 받은 경우에 해당한다. 이 경우 행정처분의 기준의 적용은 같은 위반행위에 대하여 최초로 행정처분을 한 날을 기준으로 한다.

③ 처분관할관청은 자격정지처분을 받은 사람에 다음의 어느 하나에 해당하는 경우에는 처분을 2분의 1의 범위에서 가중하거나 감경할 수 있다. 이 경우 가중된 기간은 6개월을 초과할 수 없다.

　ㄱ. 가중사유

　　• 위반행위가 사소한 부주의나 오류가 아닌 고의나 중대한 과실에 의한 것으로 인정되는 경우

　　• 위반의 내용 정도가 중대하여 이용객에게 미치는 피해가 크다고 인정되는 경우

　ㄴ. 감경사유

　　• 위반행위가 고의나 중대한 과실이 아닌 사소한 부주의나 오류로 인한 것으로 인정되는 경우

　　• 위반의 내용 정도가 경미하여 이용객에게 미치는 피해가 적다고 인정되는 경우

　　• 위반행위를 한 사람이 처음 해당 위반행위를 한 경우로서, 5년 이상 택시운송사업의 운수종사자로서 모범적으로 근무해 온 사실이 인정되는 경우

　　• 그 밖에 여객자동차운수사업에 대한 정부 정책상 필요하다고 인정되는 경우

④ 처분관할관청은 자격정지처분을 받은 사람이 정당한 사유없이 기일 내에 택시운전자격증을 반납하지 아니할 때에는 해당 처분을 2분의 1의 범위에서 가중하여 처분하고, 가중처분을 받은 사람이 기일 내에 택시운전자격증을 반납하지 아니할 때에는 자격취소처분을 한다.

(2) 개별기준

위반 사항	처분 기준	
	1차 위반	2차 이상 위반
1. 택시운전자격의 결격사유에 해당하게 된 경우	자격 취소	-
2. 부정한 방법으로 택시운전자격을 취득한 경우	자격 취소	-
3. 특정강력범죄 및 마약류 관리에 관한 법률을 위반하여 금고 이상의 형을 받은 경우	자격 취소	-
4. 다음의 어느 하나에 해당하는 행위로 과태료처분을 받은 사람이 1년 이내에 같은 위반행위를 한 경우 　가) 정당한 이유 없이 여객의 승차를 거부하거나 여객을 중도에서 내리게 하는 행위 　나) 신고하지 않거나 미터기에 의하지 않은 부당한 요금을 요구하거나 받은 행위 　다) 일정한 장소에서 장시간 정차하여 여객을 유치하는 행위	자격정지 10일	자격정지 20일
5. 4의 가)부터 다)까지의 어느 하나에 해당하는 행위로 1년간 세 번의 과태료 또는 자격 정지처분을 받은 사람이 같은 4의 가)부터 다)까지의 어느 하나에 해당하는 위반행위를 한 경우	자격 취소	-
6. 운송수입금 전액을 내지 아니하여 과태료처분을 받은 사람이 그 과태료처분을 받은 날부터 1년 이내에 같은 위반행위를 세 번 한 경우	자격정지 20일	자격정지 20일
7. 운송수입금 전액을 내지 아니하여 과태료처분을 받은 사람이 그 과태료처분을 받은 날부터 1년 이내에 같은 위반행위를 네 번 이상한 경우	자격정지 50일	자격정지 50일
8. 중대한 교통사고로 다음의 어느 하나에 해당하는 수의 사상자를 발생하는 경우 　가) 사망자 2명 이상 　나) 사망자 1명 및 중상자 3명 이상 　다) 중상자 6명 이상	자격정지 60일 자격정지 50일 자격정지 40일	자격정지 60일 자격정지 50일 자격정지 40일
9. 교통사고와 관련하여 거짓이나 그 밖의 부정한 방법으로 보험금을 청구하여 금고 이상의 형을 선고받고 그 형이 확정된 경우	자격 취소	-
10. 택시운전자격증을 타인에게 대여한 경우	자격 취소	-
11. 개인택시운송사업자가 불법으로 타인으로 하여금 대리운전을 하게 한 경우	자격정지 30일	자격정지 30일
12. 택시운전자격정지의 처분기간 중에 택시운전업무에 종사한 경우	자격 취소	-
13. 도로교통법 위반으로 사업용 자동차를 운전할 수 있는 운전면허가 취소된 경우	자격 취소	-
14. 상당한 사유 없이 운수종사자의 교육 과정을 마치지 않은 경우	자격정지 5일	자격정지 5일

06 위반행위에 따른 과징금

① 국토교통부장관 또는 시·도지사는 여객자동차 운수사업자가 법을 위반하여 사업정지 처분을 하여야 하는 경우에 그 사업정지처분이 그 여객자동차 운수사업을 이용하는 사람들에게 심한 불편을 주거나 공익을 해칠 우려가 있는 때에는 그 사업정지 처분을 갈음하여 5천만 원 이하의 과징금을 부과·징수할 수 있다.

② 국토교통부장관 또는 시·도지사는 과징금 부과 처분을 받은 자가과징금을 기한 내에 내지 아니하는 경우 국세 또는 지방세 체납처분의 예에 따라 징수한다.

③ 위반행위에 따른 과징금(주요내용 발췌)

구분	위반 내용	과징금 액수(단위 : 만원)	
		일반택시	개인택시
면허 또는 등록	면허를 받은 등록한 업종의 범위를 벗어나 영업행위를 한 경우	1차 : 180 2차 : 360 3차 이상 : 540	
	면허를 받은 사업구역 외의 행정구역에서 영업을 한 경우	1차 : 40 2차 : 80 3차 이상 : 160	
	면허를 받은 등록한 차고를 이용하지 아니하고 차고지가 아닌 곳에서 밤샘주차를 한 경우	1차 : 10 2차 : 15	
	신고를 하지 아니하거나 거짓으로 신고를 하고 개인택시를 대리운전하게 한 경우	-	1차 : 120 2차 : 240
운임 및 요금	운임 및 요금에 대한 신고를 하지 아니하고 운송을 하거나 그 밖의 영업을 개시한 경우	1차 : 40 2차 : 80 3차 이상 : 160	1차 : 20 2차 : 40 3차 이상 : 80
	미터기를 부착하지 아니하거나 사용하지 아니하고 여객을 운송한 경우(구간운임제 시행지역은 제외)	1차 : 40 2차 : 80 3차 이상 : 160	
자동차의 표시	1년에 3회 이상 사업용자동차의 표시를 하지 않은 경우	10	

구분	위반 내용	과징금 액수(단위 : 만원)	
		일반택시	개인택시
여객시설 및 여객의 안전	자동차 안에 게시하여야 할 사항을 게시하지 아니한 경우	1차 : 20 2차 : 40	
	정류소에서 주차 또는 정차 질서를 문란하게 한 경우	1차 : 20 2차 : 40	
	속도제한장치 또는 운행기록계가 정상적으로 작동되지 아니하는 상태에서 자동차를 운행한 경우	1차 : 60 2차 : 120 3차 이상 : 180	
여객시설 및 여객의 안전	차실에 냉방·난방장치를 설치하여야 할 자동차에 이를 설치하지 아니하고 여객 운송한 경우	1차 : 60 2차 : 120 3차 이상 : 180	
	그 밖의 설비기준에 적합하지 아니한 자동차를 이용하여 운송한 경우	1차 : 20 2차 : 30	
운전자의 자격	택시운송사업자가 차내에 택시운전자격증명을 항상 게시하지 아니한 경우	10	
	운수종사자의 자격요건을 갖추지 아니한 사람을 운전업무에 종사하게 한 경우	1차 : 360 2차 : 720	
	운수종사자의 교육에 필요한 조치를 하지 아니한 경우	1차 : 30 2차 : 60 3차 이상 : 90	-
차령 초과	여객자동차 운수사업에 사용되는 자동차가 차령 또는 운행거리를 초과하여 운행한 경우	1차 : 180 2차 : 360	
중대 교통사고	1건의 교통사고로 발생한 사망자 수가 8명 이상 9명 이하인 경우	800	
	1건의 교통사고로 발생한 사망자 수가 5명 이상 7명 이하인 경우	400	
	1건의 교통사고로 발생한 사망자 수가 2명 이상 4명 이하인 경우	200	
	1건의 교통사고로 발생한 중상자 수가 10명 이상 19명 이하인 경우	400	
	1건의 교통사고로 발생한 중상자 수가 6명 이상 9명 이하인 경우	200	

제3장 택시운송사업의 발전에 관한 법률

01 목적

택시운송사업의 발전에 관한 법률은 택시운송사업의 발전에 관한 사항을 규정하여 택시운송사업의 건전한 발전을 도모하여 택시운수종사자의 복지 증진과 국민의 교통편의 제고에 이바지하기 위함

02 택시운송사업의 정의

여객자동차 운수사업법에 따른 구역 여객자동차운송사업 중

① **일반택시 운송사업**:국토교통부령으로 정하는 사업구역에서 1개의 운송계약에 따라 국토교통부령으로 정하는 자동차를 사용하여 여객을 운송하는 사업

② **개인택시 운송사업**:국토교통부령으로 정하는 사업구역에서 1개의 운송계약에 따라 국토교통부령으로 정하는 자동차 1대를 사업자가 직접 운전하여 여객 운송하는 사업

③ **택시운송사업면허**:택시운송사업을 경영하기 위하여 여객자동차 운수사업법에 따라 받은 면허

④ **택시운송사업자**:택시운송사업면허를 받아 택시운송사업을 경영하는 자

⑤ **택시운수종사자**:여객자동차 운수사업법에 따른 운전업무 종사자격을 갖추고 택시운송사업의 운전업무에 종사하는 사람

⑥ **택시공영차고지**:택시운송사업에 제공되는 차고지로서 시·도지사 또는 시장·군수·구청장이 설치한 것

⑦ **택시공동차고지**:택시운송사업에 제공되는 차고지로서 2인 이상의 일반택시 운송사업자가 공동으로 설치 또는 임차하거나 조합 또는 연합회가 설치 또는 임차한 차고지

03 운전 종사자격의 취소 등 처분기준(택시발전법)

위반 행위	법조문 근거	처분 기준		
		1차 위반	2차 위반	3차 위반
1. 정당한 사유 없이 여객의 승차를 거부하거나 여객을 중도에서 내리게 하는 행위	법 제16조 제1항 제1호	경고	자격정지 30일	자격취소

위반 행위	법조문 근거	처분 기준		
		1차 위반	2차 위반	3차 위반
2. 부당한 운임 또는 요금을 받는 행위	법 제16조 제1항 제2호	경고	자격정지 30일	자격취소
3. 여객을 합승하도록 하는 행위	법 제16조 제1항 제3호	경고	자격정지 10일	자격정지 20일
4. 여객의 요구에도 불구하고 영수증 발급 또는 신용카드 결제에 응하지 아니하는 행위	법 제16조 제1항 제4호	경고	자격정지 10일	자격정지 20일

04 위반 사항에 따른 과태료(주요내용 발췌)

위반 사항	과태료 (단위:만원)		
	1회	2회	3회 이상
운임, 요금을 신고하지 않은 경우	500	750	1,000
사업용 자동차의 표시를 하지 않은 경우	10	15	20
어린아이의 운임을 받은 경우	5	10	10
천재지변이나 교통사고로 여객이 죽거나 다쳤을 때 유류품 관리와 대체 운송수단 확보 등의 필요한 조치를 취하지 않은 경우	50	75	100
중대한 교통사고가 발생했을 때 국토교통부장관 또는 시·도지사에게 보고하지 않거나 거짓보고를 한 경우	20	30	50
좌석안전띠가 정상적으로 작동될 수 있는 상태를 유지하지 않은 경우	20	30	50
운수종사자 취업현황을 알리지 않은 경우	50	75	100
운수종사자의 요건을 갖추지 않고 여객자동차운송사업의 운전업무에 종사한 경우	50	50	50
다음의 어느 하나에 해당하는 경우 ① 여객이 승차하기 전에 자동차를 출발시키거나 승하차 여객이 있는데도 정차하지 아니하고 정류소를 지나치는 행위 ② 안내방송을 하지 아니하는 행위(국토교통부령으로 정하는 자동차 안내방송 시설이 설치되어 있는 경우만 해당)	10	10	10
③ 여객자동차운송사업용 자동차 안에서 흡연하는 행위 ④ 그 밖에 안전운행과 여객의 편의를 위하여 운수종사자가 지키도록 국토교통부령으로 정하는 사항을 위반하는 행위	10	10	10
운수종사자가 운송수입금 전액을 운송사업자에게 내지 않은 경우	50	50	50

기출문제와 예상문제(41문제)

01 다음 중 여객자동차운수사업법의 목적으로 옳지 않은 것은?

① 여객의 원활한 운송

② 공공 복리증진

③ 여객자동차운수사업의 종합적인 발달 도모

④ 여객자동차운수 종사자의 수익성 재고

02 다음중 택시운송사업의 발전에 관한 법률 제정의 목적이 아닌 것은?

① 택시운송사업의 건전한 발전을 도모

② 택시운수종사자의 복지 증진

③ 택시운수종사자의 수입 증진

④ 국민의 교통편의 제고에 이바지

03 여객자동차운수사업법상 구역 여객자동차운송사업에 포함되지 않는 것은?

① 전세버스운송사업　　② 시내버스운송사업

③ 일반택시운송사업　　④ 개인택시운송사업

04 여객자동차운송사업 중 택시운송사업이 해당되는 것은?

① 노선 여객자동차운송사업

② 수요응답형 여객자동차운송사업

③ 특수 여객자동차운송사업

④ 구역 여객자동차운송사업

05 직접 운전하기 위해 사업면허를 받은 자가 여객을 운송하는 사업은?

① 개인택시운송사업　　② 전세버스운송사업

③ 법인택시운송사업　　④ 시내버스운송사업

06 다음 중 노선을 정하여 여객을 운송하는 사업은?

① 일반택시운송사업　　② 개인택시운송사업

③ 전세버스운송사업　　④ 마을버스운송사업

07 다음 중 택시운송사업자의 용어의 뜻을 올바르게 표현한 것은?

① 택시운송사업의 운전업무에 종사하는 자

② 택시운송사업면허를 받아 택시운송사업을 경영하는 자

③ 자동차 1대를 사업자가 직접 운전하여 여객 운송하는 자

④ 다른 사람의 수요에 응하여 자동차를 사용하여 유상으로 여객을 운송하는 자

08 여객자동차운송사업의 면허를 받은 자가 운임요금을 변경하고자 할 때에 신고해야 한 곳은?

① 관할지역 구청장

② 시·도지사

③ 여객자동차운수조합

④ 관할지역 세무서

09 영업용 택시를 운전할 수 있는 요건에 적절하지 않는 경우는?

① 운전적성정밀검사에 적합판정을 받은 경우

② 운전자격시험에 합격한 경우

③ 18세 이상으로서 운전경력이 1년 이상인 경우

④ 음주운전 경력이 5년 미만인 경우

| 📖 정답 | 01 ④　02 ③　03 ①　04 ④　05 ①　06 ④　07 ②　08 ②　09 ④

10 다음 중 택시운송사업의 구분이 자동차 형태와 맞지 않는 것은?

① 중형택시 ⇒ 배기량 1,600cc 이상의 승용자동차
  (승차정원 5인승 이하)

② 대형택시 ⇒ 배기량 2,000cc 이상의 승용자동차
  (승차정원 6인승 이상 10인승 이하)

③ 모범택시 ⇒ 배기량 2,400cc 이상의 승용자동차
  (승차정원 5인승 이하)

④ 고급택시 ⇒ 배기량 2,800cc 이상의 승용자동차

해 모범택시는 배기량 1,900cc 이상의 승용자동차(승차정원 5인승 이하)를 사용하는 택시운송사업을 말한다.

11 여객운수사업법에 따른 사업용 자동차의 차령에 관한 기준 중 틀린 것은?

① 일반택시(경형, 소형) ⇒ 3년

② 일반택시(배기량 2,400cc 미만) ⇒ 4년

③ 일반택시(전기자동차) ⇒ 6년

④ 일반택시 (배기량 2,400cc 이상) ⇒ 6년

해 일반택시로서 경형 및 소형자동차의 차령은 3년 6개월이다.

12 택시운수종사자의 교육과 운전적성정밀검사에 관한 설명 중 옳지 않은 것은?

① 무사고·무벌점 기간이 5년 미만인 운수종사자는 매년 보수교육을 받아야 한다.

② 일정한 요건에 해당하는 자에 대해서는 택시운송사업자가 운전적성정밀검사 중 특별검사를 직접 신청할 수 있다.

③ 과거 1년간 운전면허 행정처분기준에 따라 누산점수가 81점 이상인 자는 운전적성 정밀검사 중 특별검사를 받아야 한다.

④ 국제행사 등에 대비하여 경찰청장이 운수종사자의 경우 수시 서비스 교육을 받게 할 수 있다.

13 택시운전자가 부당한 운임 또는 요금을 받는 행위로 2차 위반 시 처분기준은?

① 자격정지 5일 ② 자격정지 10일

③ 자격정지 20일 ④ 자격정지 30일

14 정당한 이유 없이 여객의 승차를 거부하거나 여객을 도중에서 내리게 하는 행위의 1차 위반의 벌칙은?

① 자격정지 10일 ② 자격정지 20일

③ 자격정지 30일 ④ 자격취소

15 다음은 택시운송사업의 발전에 관한 법률에 따라 1차 위반 시 경고인 위반행위로서 2차 위반에 따른 처분기준의 연결이 잘못된 것은?

① 여객을 합승하도록 하는 행위 : 자격정지 10일

② 부당한 운임 또는 요금을 받는 행위 : 자격정지 30일

③ 정당한 사유 없이 여객의 승차를 거부하거나 여객을 중도에서 내리게 하는 행위 : 자격정지 30일

④ 승객의 요구에도 불구하고 영수증 발급 또는 신용카드 결제에 응하지 않은 행위 : 자격정지 20일

해 여객의 요구에도 불구하고 영수증 발급 또는 신용카드 결제에 응하지 아니하는 행위는 법 제16조 제1항 제4호에 의해 1차 위반 시에는 경고처분, 2차 위반 시에는 자격정지 10일, 3차위반 시에는 자격정지 30일이다.

16 영업용차량에 운행기록계를 설치하지 아니하고 운행하는 경우 범칙금과 벌점은?

① 범칙금 4만 원, 벌점 10점

② 범칙금 4만 원, 벌점 15점

③ 범칙금 6만 원, 벌점 10점

④ 범칙금 6만 원, 벌점 15점

ㅣ 📖 **정답** ㅣ **10** ③ **11** ① **12** ④ **13** ④ **14** ① **15** ④ **16** ①

17 여객자동차 운수사업법 상 승차거부로 1년 이내에 2차 적발 시 택시운전자격정지 처분일수는?

① 10일   ② 20일
③ 30일   ④ 40일

18 다음 중 택시요금의 할증적용시간으로 맞는 것은?

① 01:00~05:00   ② 22:00~05:00
③ 00:00~04:00   ④ 00:00~05:00

19 택시운전업무 종사자격의 처분기준으로 맞지 않은 것은?

① 정당한 사유 없이 여객의 승차를 거부한 때: 2차 위반 시 자격 취소
② 부당한 운임 또는 요금을 받는 경우: 2차 위반 시 30일 자격정지
③ 여객을 합승하도록 하는 경우: 1차 위반 시 경고
④ 여객의 요구에도 불구하고 영수증 발급 또는 신용카드 결제에 응하지 아니한 때: 2차 위반 시 자격정지 10일

해 택시운송사업의 발전에 관한 법률의 택시운전자격 처분기준의 개별기준에 의거 정당한 사유 없이 여객의 승차를 거부한 때 1차 위반 시는 자격정지 10일, 2차 위반 시에는 자격정지 20일이다.

20 택시 운전자로 취업 전 이수하는 신규교육은 몇 시간을 이수하여야 하는가?

① 4시간   ② 8시간
③ 16시간   ④ 30시간

21 여객자동차 운수사업법령에서 규정한 운수종사자교육의 종류가 아닌 것은?

① 신규교육   ② 수시교육
③ 보수교육   ④ 정기교육

22 여객자동차 운수사업법령에서 규정한 운전자가 정당한 사유 없이 교육을 받지 않았을 때 자격증 처분 내용은?

① 자격정지 5일   ② 자격정지 10일
③ 자격정지 15일   ④ 자격 취소

23 운수종사자의 자격요건을 갖추지 않은 사람을 운전업무에 종사하게 한 경우 1차 적발 시 과징금은?

① 200만 원   ② 360만 원
③ 720만 원   ④ 1,000만 원

해 운수종사자의 자격이 없는 사람을 운전업무에 종사하게 한 경우 1차 적발 시 과징금 360만 원, 2차 적발 시 과징금은 720만 원이다.

24 다음 중 일반택시차량 내부에 항상 게시하여야 하는 부착물이 아닌 것은?

① 택시운전자격증명
② 교통이용 불편사항 연락처
③ 회사명 및 차고지가 기재된 표지판
④ 운전적성정밀검사 이수증

25 어린이나 영유아를 태우고 있다는 표시를 하고 도로를 통행하는 어린이 통학버스를 앞지르기하면 얼마의 벌점으로 처분되나?

① 10점   ② 15점
③ 30점   ④ 40점

26 여객자동차 운수사업법상 중대한 교통사고로 택시운전자격이 정지되는 사유가 아닌 것은?

① 사망자 2명 이상 사고
② 사망자 1명 및 중상자 3명 이상 사고
③ 중상자 6명 이상 사고
④ 중앙선침범으로 차량 전복사고

27 여객자동차 운수사업법상 차고지가 아닌 곳에서 택시를 밤샘 주차하여 1차로 적발된 때의 과징금 액수는?

① 10만 원　　　　　② 15만 원

③ 20만 원　　　　　④ 30만 원

해 택시가 차고지가 아닌 곳에서 택시를 밤샘 주차하여 1차로 적발된 때의 과징금 액수는 10만 원, 2차로 적발된 때의 과징금 액수는 15만 원이다.

28 국토교통부장관에게 보고하여야 하는 교통사고가 아닌 것은?

① 사망자가 2명 이상 발생한 사고

② 중상자가 10명 이상 발생한 사고

③ 중상자가 6명 이상 발생한 사고

④ 중상자 5명 이상 발생한 사고

29 사업구역이 아닌 행정구역에서 택시영업을 하여 1차로 적발된 때의 과징금 처분기준은?

① 40만 원　　　　　② 80만 원

③ 160만 원　　　　④ 200만 원

해 택시가 면허를 받은 사업구역 외의 행정구역에서 영업을 한 경우 1차 40만 원, 2차 80만 원, 3차 이상은 160만 원의 과징금이 처분된다.

30 택시운송사업자가 차내에 택시운전자격증명을 게시하지 않은 경우 과징금은 얼마인가?

① 10만 원　　　　　② 15만 원

③ 20만 원　　　　　④ 50만 원

31 개인택시 운송사업자가 불법으로 타인으로 하여금 대리운전을 하게 한 경우 자격정지 처분기준은?

① 자격정지 15일　　② 자격정지 30일

③ 자격정지 60일　　④ 자격취소

32 일정 장소에서 장시간 정차하며 승객을 유치할 때 해당되는 과태료 처분은?

① 10만 원　　　　　② 20만 원

③ 30만 원　　　　　④ 40만 원

33 택시 운송사업의 구역 내용 중 택시의 불법영업에 해당되는 것은?

① 해당 사업구역에서 승객을 태우고 사업구역 밖으로 운행하는 영업행위

② 지역주민의 편의를 위해 별도로 정해진 사업구역 내에서의 영업행위

③ 해당 사업구역에서 승객을 태우고 사업구역 밖으로 운행한 후 그 시·도 내에서의 일시적인 영업

④ 사업구역 밖으로의 운행 후 귀로 중에 하는 일시적인 영업행위

34 택시 미터기를 사용하지 않고 요금을 받을 수 있는 경우는?

① 장거리 운행 시

② 목적지가 정해진 경우

③ 구간운임 시행지역의 경우

④ 승객의 특별한 요청이 있는 경우

35 다음 중 택시운전자격이 정지되는 경우인 것은?

① 부정한 방법으로 택시운전자격을 취득한 경우

② 도로교통법 위반으로 운전면허가 취소된 경우

③ 파산선고를 받고 복권되지 않은 경우

④ 정당한 사유 없이 운수종사자의 교육과정을 이수하지 않은 경우

| 📖 **정답** | 27 ① 　28 ④ 　29 ① 　30 ① 　31 ② 　32 ② 　33 ③ 　34 ③ 　35 ④

36 다음 중 택시운전 자격이 취소되는 경우는?

① 택시운전 자격증명을 차 안에 게시하지 않고 운전한 경우
② 사업용자동차를 운전할 수 있는 운전면허가 취소된 경우
③ 중대한 교통사고로 사망자 2명이 발생된 경우
④ 요금미터기에 의하지 않고 부당한 요금을 승객에게 요구하여 받은 경우

37 여객자동차 운수사업법상 택시운전 자격취소에 해당하지 않는 것은?

① 택시운전자격증을 타인에게 대여해 준 경우
② 요금미터기를 사용하지 않고 부당한 요금을 받은 경우
③ 운수사업법 위반으로 징역 이상의 형을 받은 경우
④ 택시운전자격정지의 처분기간 중 택시운전업무에 종사한 경우

38 운수종사자의 자격요건을 갖추지 않고 여객자동차 운송사업의 운전업무에 종사한 경우 과태료 처분 금액은?

① 50만 원   ② 40만 원
③ 30만 원   ④ 20만 원

39 다음 중 택시운전 자격취소·정지 등의 행정처분을 하는 기관은?

① 국토교통부   ② 관할 자치단체
③ 관할 경찰서   ④ 택시사업 조합

40 택시운전자가 운전 중에 휴대용 전화를 사용한 경우 운전자의 벌점과 범칙금은?

① 10점, 3만 원   ② 15점, 6만 원
③ 30점, 6만 원   ④ 30점, 8만 원

41 범칙금납부 통고서의 기일 내에 범칙금을 납부하지 않게 되면?

① 관할경찰에서 재발급 받는다.
② 범칙금납부 통고서에 기재된 요금 2배를 납부한다.
③ 당해 차량을 말소등록 할 때 납부한다.
④ 즉결심판을 받아야 한다.

| 📖 정답 | 36 ② 37 ② 38 ① 39 ① 40 ② 41 ④

Chapter 03

안전운행

제1장 안전운전과 방어운전

01 안전운전

(1) 안전운전의 정의
안전운전이란 운전자가 자동차를 그 본래의 목적에 따라 운행함에 있어서 운전자 자신이 위험한 운전을 하거나 교통사고를 유발하지 않도록 주의하여 운전하는 것

(2) 안전운전의 자세
① 남의 생명을 내 생명같이 존중한다.
② 교통법규 지키기를 습관화한다.
③ 심신상태를 안정시킨다.
④ 추측운전은 하지 않는다.
⑤ 주의력을 운전에만 집중한다.
⑥ 여유있는 마음가짐으로 운전한다.

02 방어운전

(1) 방어운전의 정의
방어운전이란 운전자가 다른 운전자나 보행자가 교통법규를 지키지 않거나 위험한 행동을 하더라도 이에 대처할 수 있는 운전자세를 갖추어 미리 위험한 상황을 피하여 운전하는 것, 위험한 상황을 만들지 않고 운전하는 것, 위험한 상황에 직면했을 때는 이를 효과적으로 회피할 수 있도록 운전하는 것

(2) 방어운전의 기본
① 능숙한 운전기술
② 정확한 운전지식
③ 세심한 관찰력

④ 예측능력과 판단력

⑤ 양보와 배려의 실천

⑥ 교통상황정보 수집

⑦ 반성의 자세

⑧ 무리한 운행 배제

03 실전 방어운전 방법

1) 운전자는 앞차의 전방까지 시야를 멀리 둔다. 장애물이 나타나 앞차가 브레이크를 밟았을 때 즉시 브레이크를 밟을 수 있도록 준비 태세를 갖춘다.

2) 뒤차의 움직임을 룸미러나 사이드미러로 확인하면서 방향지시등이나 비상등으로 자기 차의 진행방향과 운전의도를 분명히 알린다.

3) 교통신호가 바뀐다고 해서 급출발하지 말고 주위 자동차의 움직임을 확인한 후 진행한다.

4) 보행자가 갑자기 나타날 수 있는 골목길이나 주택가에서는 상황을 예견하고 속도를 줄여 충돌을 피할 시간적, 공간적 여유를 확보한다.

5) 기상변화에 대비해 체인이나 스노타이어 등을 미리 준비한다. 눈이나 비가 올 때는 가시거리 단축, 수막현상 등 위험요소를 염두에 두고 운전한다.

6) 교통량이 많은 길이나 시간을 피해 운전하도록 한다. 교통이 혼잡할 때는 교통의 흐름을 따르고, 끼어들기 등을 삼가한다.

7) 과로로 피로하거나 심리적으로 흥분된 상태에서의 운전은 자제한다.

8) 앞차가 급제동을 하더라도 추돌하지 않도록 차간거리를 충분히 유지한다. 2~3대 앞차의 움직임까지 살핀다.

9) 뒤에 다른 차가 접근해 올 때는 속도를 낮춘다. 뒤차가 앞지르기를 하려고 하면 양보해 준다. 뒤차가 바싹 뒤따라올 때는 가볍게 브레이크 페달을 밟아 제동등을 켠다.

10) 진로를 바꿀 때는 상대방이 잘 알 수 있도록 여유 있게 신호를 보낸다. 보낸 신호를 상대방이 알았는지 확인한 다음에 서서히 행동한다.

11) 교차로를 통과할 때는 신호를 무시하고 뛰어나오는 차나 사람이 있을 수 있으므로 반드시 안전을 확인한 뒤에 서서히 주행한다. 좌우로 도로의 안전을 확인한 후 주행한다.

12) 밤에 마주 오는 차가 전조등 불빛을 줄이거나 아래로 비추지 않고 접근해 올 때는 불빛을 정면으로 보지 말고 시선을 약간 오른쪽으로 돌린다. 감속 또는 서행하거나 일시 정지한다.

13) 밤에 커브 길을 통과할 때는 전조등을 상향과 하향을 번갈아 켜거나 껐다 켰다 해 자신의 존재를 알린다. 주위를 살피면서 서행한다.

14) 횡단하려고 하거나 횡단 중인 보행자가 있을 때는 일시정지 후 주의해 진행한다. 보행자가 차의 접근을 알고 있는지 확인한다.

15) 이면도로에서 보행 중인 어린이가 있을 때는 어린이와 안전한 간격을 두고 서행 또는 안전이 확보될 때까지 일시 정지한다.

16) 다른 차의 옆을 통과할 때는 상대방 차가 갑자기 진로를 변경할 수 있으므로 미리 대비하여 충분한 간격을 두고 통과한다.

17) 대형 화물차나 버스의 바로 뒤에서 주행할 때에는 전방의 교통상황을 파악이 어려우므로 함부로 앞지르기를 하지 않도록 하고, 또 시기를 보아서 대형차의 뒤에서 이탈해 주행한다.

18) 신호기가 설치되어 있지 않은 교차로에서는 좁은 도로로부터 우선순위를 무시하고 진입하는 자동차가 있으므로, 이런 때에는 속도를 줄이고 좌우의 안전을 확인한 다음에 통행한다.

19) 차량이 많을 때 가장 안전한 속도는 다른 차량의 속도와 같을 때이므로 법정한도 내에서는 다른 차량과 같은 속도로 운전하고 안전한 차간거리를 유지한다.

04 상황별 방어운전 방법

(1) 출발할 때
① 차의 전·후, 좌·우는 물론 차의 밑과 위까지 안전을 확인한다.
② 도로의 가장자리에서 도로를 진입하는 경우에는 반드시 신호를 한다.
③ 교통류에 합류할 때에는 진행하는 차의 간격상태를 확인하고 합류한다.

(2) 주행 시 속도조절
① 교통량이 많은 곳에서는 속도를 줄여서 주행한다.
② 노면의 상태가 나쁜 도로에서는 속도를 줄여서 주행한다.
③ 기상상태나 도로조건 등으로 시계조건이 나쁜 곳에서는 속도를 줄여서 주행한다.

④ 해질부렵, 터널 등 조명조건이 나쁠 때는 속도를 줄여서 주행한다.

⑤ 주택가나 이면도로 등에서는 과속이나 난폭운전을 하지 않는다.

⑥ 곡선반경이 작은 도로나 좁은 도로에서는 속도를 낮추어 안전하게 통과한다.

⑦ 주행하는 차들과 물 흐르듯 속도를 맞추어 주행한다.

(3) 주행차로의 사용

① 자기 차로를 선택하여 가능한 한 변경하지 않고 주행한다.

② 필요한 경우가 아니면 중앙의 차로를 주행하지 않는다.

③ 갑자기 차로를 바꾸지 않는다.

④ 차로를 바꾸는 경우에는 반드시 신호를 한다.

(4) 앞지르기할 때

① 꼭 필요한 경우에만 앞지르기한다.

② 앞지르기가 허용된 지역에서만 앞지르기한다.

③ 마주 오는 차의 속도와 거리를 정확히 판단한 후 앞지르기한다.

④ 반드시 안전을 확인한 후 앞지르기한다.

⑤ 앞지르기에 적당한 속도로 주행한다.

⑥ 앞지르기 후 뒤차의 안전을 고려하여 진입한다.

⑦ 앞지르기 전에 앞차에 신호로 알린다.

(5) 정지할 때

① 운행 전에 제동등이 점등되는지 확인한다.

② 원활하게 서서히 정지한다.

③ 교통상황을 판단하여 미리미리 속도를 줄여 급정지하지 않도록 한다.

④ 미끄러운 노면에서는 급제동으로 차가 회전하는 경우가 발생하지 않도록 한다.

(6) 주차할 때

① 주차가 허용된 지역이나 안전한 지역에 주차한다.

② 주행차로에 차의 일부분이 돌출된 상태로 주차하지 않는다.

③ 언덕길 등 기울어진 길에는 바퀴를 고이거나 위험방지를 위한 조치를 취한 후 안전을 확인하고 차에서 떠난다.

④ 차가 노상에서 고장을 일으킨 경우에는 적절한 고장표지를 설치한다.

(7) 차간거리

① 앞차에 너무 밀착하여 주행하지 않도록 한다.

② 후진 시 후방의 물체와의 거리를 확인한다.

③ 좌·우측 차량과의 안전거리를 확인한다.

④ 다른 차가 끼어들기 하는 경우에는 양보하여 안전하게 진입하도록 한다.

(8) 감정의 통제

① 졸음이 오는 경우에 무리하여 운행하지 않도록 한다.

② 타인의 운전태도에 감정적으로 반응하여 운전하지 않도록 한다.

③ 술이나 약물의 영향이 있는 경우에는 운전을 삼가한다.

④ 몸이 불편한 경우에는 운전하지 않는다.

(9) 점검과 주의

① 운행 전·중·후에 차량점검을 철저히 한다.

② 자신의 차량에 대한 기능을 정확히 숙지한다.

③ 운행 전·후에는 차량의 문 상태를 확인한다.

제2장 상황별 안전운전

01 이면도로

(1) 이면도로 운전의 위험성

① 도로의 폭이 좁고, 보도 등의 안전시설이 없다.

② 좁은 도로가 많이 교차하고 있다.

③ 상가와 주택 등이 밀집되어 있어 보행자 등이 아무 곳에서나 횡단이나 통행을 한다.

④ 길가에서 어린이들이 뛰노는 경우가 많으므로, 어린이 사고가 일어나기 쉽다.

(2) 이면도로를 안전하게 통행하는 방법

① 항상 위험을 예상하면서 운전한다.

② 위험대상물을 계속 주시한다.

02 교차로

(1) 사고발생 유형

① 앞쪽(또는 옆쪽) 상황에 소홀한 채 진행신호로 바뀌는 순간 급출발

② 정지신호임에도 불구하고 정지선을 지나 교차로에 진입하거나 무리하게 통과를 시도하는 행위

③ 교차로 진입 전 이미 황색신호임에도 무리하게 통과시도

(2) 교차로에서의 안전운전·방어운전

① **신호등이 있는 경우** : 신호등이 지시하는 신호에 따라 통행

② **교통경찰관 수신호의 경우** : 교통경찰관의 지시에 따라 통행

③ **신호등 없는 교차로의 경우** : 통행우선순위에 따라 주의하며 진행

(1) 커브길 주행요령

① 완만한 커브길

　ㄱ. 커브길의 편구배(경사도)나 도로의 폭을 확인하고 엔진 브레이크로 속도를 줄인다.

　ㄴ. 엔진 브레이크만으로 속도가 충분히 떨어지지 않으면 풋 브레이크를 사용하여 커브를 도는 중에 더 이상 감속할 필요가 없을 정도까지 줄인다.

　ㄷ. 커브가 끝나는 조금 앞부터 핸들을 돌려 차체를 바르게 한다.

② 급커브길

　ㄱ. 커브의 경사도나 도로의 폭을 확인하고 엔진 브레이크를 작동하여 속도를 줄인다.

　ㄴ. 풋 브레이크를 사용하여 충분히 속도를 줄인다.

　ㄷ. 후사경으로 후방의 안전을 확인한다.

　ㄹ. 저단기어로 변속한다.

　ㅁ. 커브의 내각의 연장선에 차량이 이르렀을 때 핸들을 꺾는다.

　ㅂ. 차가 커브를 돌았을 때 핸들을 되돌리기 시작한다.

(2) 커브길에서의 안전운전 · 방어운전

① 커브길에서는 미끄러지거나 전복될 위험이 있으므로 급핸들 조작이나 급제동은 하지 않는다.

② 핸들을 조작할 때는 가속이나 감속을 하지 않는다.

③ 중앙선을 침범하거나 도로의 중앙으로 치우쳐 운전하지 않는다.

④ 주간에는 경음기, 야간에는 전조등을 사용하여 내 차의 존재를 알린다.

⑤ 항상 반대 차로에 차가 오고 있다는 것을 염두에 두고 차로를 준수하며 운전한다.

⑥ 커브길에서 앞지르기는 대부분 안전표지로 금지하고 있으나 금지표지가 없더라도 절대로 앞지르기를 하지 않는다.

⑦ 겨울철의 노면은 빙판길이 많으므로 도로상태를 확인해 가며 운전한다.

04 차로 폭

(1) 차로 폭의 개념

① 차로 폭이란 도로의 차선과 차선 사이의 최단거리를 말한다.

② 차로 폭은 관련기준에 따라 도로의 실제속도, 지형조건 등을 고려하여 달리할 수 있으나 대개 3.0~3.5m 를 기준으로 한다. 다만, 교량 위, 터널 내, 유턴차로(회전차로) 등에서 부득이한 경우 2.75mm로 할 수 있 다.

③ 일반도로 및 고속도로 등에서는 도로 폭이 비교적 넓고, 골목길이나 이면도로 등에서는 도로 폭이 비교적 좁다.

(2) 차로 폭에 따른 안전운전

① **차로 폭이 넓은 경우** : 주관적인 판단을 가급적 자제하고 계기판의 속도계에 표시되는 객관적인 속도를 준 수하도록 노력한다.

② **차로 폭이 좁은 경우** : 보행자, 노약자, 어린이 등에 주의하여 즉시 정지할 수 있는 안전한 속도로 감속하여 운행한다.

05 언덕길

(1) 내리막길 안전운전

① 내리막길을 내려가기 전에 미리 감속하며 엔진 브레이크로 속도를 조절하는 것이 바람직하다.

② 엔진 브레이크를 사용하면 페이드(fade) 현상을 예방하여 운행 안전도를 더욱 높일 수 있다.

③ 도로의 오르막길 경사와 내리막길 경사가 같거나 비슷한 경우는 기어의 단수도 오르막, 내리막을 동일하 게 사용하는 것이 적절하다.

④ 커브주행 시와 같이 중간에 불필요하게 속도를 줄인다든지 급제동하는 것은 삼가한다.

⑤ 경사가 가파르지 않은 긴 내리막길을 내려갈 때 시선은 먼 곳을 바라보는 경향이 있기 때문에 가속페달을 무심코 밟게 되어 자신도 모르게 순간속도가 높아질 위험이 있으므로 조심해야 한다.

(2) 오르막길 안전운전

① 정차할 때에는 앞차가 뒤로 밀려 충돌할 가능성을 염두에 두고 충분한 차간 거리를 유지한다.

② 오르막길의 사각지대는 정상부근이다. 마주 오는 차가 바로 앞에 다가올 때까지는 보이지 않으므로 서행하여 위험에 대비한다.

③ 정차 시에는 풋 브레이크와 핸드브레이크를 동시에 사용한다.

④ 출발 시에는 핸드브레이크를 사용하는 것이 안전하다.

⑤ 오르막길에서 앞지르기할 때에는 힘과 가속력이 좋은 저단기어를 사용하는 것이 안전하다.

06 앞지르기

(1) 앞지르기

뒤차가 앞차의 좌측면을 지나 앞차의 앞으로 진행하는 것을 의미한다.

(2) 앞지르기할 때의 안전운전

① 자차가 앞지르기할 때

ㄱ. 앞지르기에 필요한 속도가 그 도로의 최고속도 범위 이내일 때 앞지르기를 시도한다.

ㄴ. 앞지르기에 필요한 충분한 거리와 시야가 확보되었을 때 앞지르기를 시도한다.

ㄷ. 앞차가 앞지르기를 하고 있을 때는 앞지르기를 시도하지 않는다.

ㄹ. 앞차의 오른쪽으로 앞지르기하지 않는다.

ㅁ. 점선의 중앙선을 넘어 앞지르기 할 때에는 대향차의 움직임에 주의한다.

② 다른 차가 자차를 앞지르기할 때

ㄱ. 자차의 속도를 앞지르기를 시도하는 차의 속도 이하로 적절히 감속한다.

ㄴ. 앞지르기 금지장소나 앞지르기를 금지하는 때에도 앞지르기하는 차가 있다는 사실을 항상 염두에 두고 주의운전한다.

07 철길건널목에서의 안전운전

1) 일시정지 후 좌우의 안전을 확인

건널목 직전에서 일시정지 후 확인하며, 차단기가 내려지고 있거나, 경보음이 울릴 때, 건널목 앞쪽이 혼잡하여 건널목을 완전히 통과할 수 없게 될 염려가 있을 때에는 진입하지 않는다.

2) 건널목 통과 시 기어변속금지

엔진이 정지되지 않도록 가속페달을 조금 힘주어 밟고 건널목을 통과하고 있을 때에는 기어변속과정에서 엔진이 멈출 수 있으므로 가급적 기어변속을 하지 않고 통과한다(수동변속기).

3) 건널목 건너편 여유공간 확인 후 통과

앞차량을 따라 계속 건너 갈 때에는 앞차량이 건너간 맞은편에 자기 차가 들어갈 여유공간이 있을 때 통과한다.

4) 철길건널목 내 차량고장 대처요령

① 즉시 동승자를 대피시킨다.

② 철도공무원에게 알리고 차를 건널목 밖으로 이동시키도록 조치한다.

③ 시동이 걸리지 않을 때에는 당황하지 말고 기어를 1단 위치에 넣은 후 클러치페달을 밟지 않은 상태에서 엔진키를 돌리면 시동모터의 회전으로 바퀴를 움직여 철길을 빠져 나오도록 한다.

08 고속도로

1) 속도의 흐름과 도로사정, 날씨 등에 따라 안전거리를 충분히 확보한다.

2) 주행 중 속도계를 수시로 확인하여 법정속도를 준수한다.

3) 차로 변경 시는 최소한 100m 전방으로부터 방향지시등을 켜고, 전방 주시점은 속도가 빠를수록 멀리 둔다.

4) 앞차의 움직임뿐 아니라 가능한 한 앞차 앞의 3~4대 차량의 움직임도 살핀다.

5) 고속도로 진·출입 시 속도감각에 유의하여 운전한다.

6) 고속도로 진입 시 충분한 가속으로 속도를 높인 후 주행차로로 진입하여 주행차에 방해를 주지 않도록 한다.

7) 주행차로 운행을 준수하고 두 시간마다 휴식한다.

8) 고속도로 안전운전 방법

① **전방주시**: 고속도로 교통사고 원인의 대부분은 전방주시 의무를 게을리 한 탓이다. 운전자는 앞차의 뒷부분만 봐서는 안 되며 앞차의 전방까지 시야를 두면서 운전한다.

② **진입은 안전하게 천천히, 진입 후 가속은 빠르게**: 고속도로에 진입할 때는 방향지시등으로 진입 의사를 표시한 후 충분히 속도를 높이고, 다른 차량의 흐름을 살펴 안전을 확인한 후 진입한다. 진입한 후에는 빠른 속도로 가속해서 교통흐름에 방해가 되지 않도록 한다.

③ **주변 교통흐름에 따라 적정속도 유지**: 고속도로에서는 주변 차량들과 함께 교통흐름에 따라 운전하는 것이 중요하며, 다른 차량의 운행과 교통흐름에 방해되지 않도록 최고속도 하에서 적정속도를 유지해야 한다.

9) 전 좌석 안전띠 착용: 전 좌석 안전띠를 착용해야 하며 고속도로 및 자동차 전용도로와 일반도로에서도 전 좌석 안전띠 착용이 의무화되어 있다.

기출문제와 예상문제(45문제)

01 다음 중 방어운전의 기본사항이 아닌 것은?

① 양보와 배려의 실천

② 무리한 추월운행 배제

③ 자신의 운전기술 과시

④ 세심한 타인배려

해 **방어운전의 기본** : 능숙한 운전기술, 정확한 운전지식, 세심한 관찰력, 예측능력과 판단력, 양보와 배려의 실천, 교통상황 정보수집, 반성의 자세, 무리한 운행배제 등

02 운전자로서 위험한 운전을 피하고, 교통사고를 유발하지 않도록 운전하는 것을 무엇이라 하는가?

① 안전 운전 　　　② 방어 운전

③ 신속 운전 　　　④ 법규 운전

03 안전운행의 올바른 습관으로 맞는 것은?

① 차선의 무리한 추월　② 급출발 · 급제동 행위

③ 주의력 집중　　　　④ 조급한 운전행동

해 올바른 운전습관은 운행 중 전방주시와 주의력을 집중하여 운전하는 것이다.

04 교차로에서의 안전운행으로 틀린 것은?

① 교차로 내에서는 항상 정지할 수 있다는 마음자세로 운전한다.

② 교차로 내에서 다음 신호를 추측하고 운행한다.

③ 자신의 신호가 바뀌는 순간 주위를 살핀 후 주행한다.

④ 신호등이 없는 교차로에서는 통행우선순위에 따라 주행한다.

해 교차로 내에서는 섣부른 추측운전을 하지 않도록 한다.

05 다음 중 커브도로상에서의 교통사고위험이 아닌 것은?

① 과속에 의한 사고위험이 낮다.

② 도로주행 중 이탈위험이 항상 있다.

③ 시야의 불량으로 사고의 위험이 있다.

④ 커브도로상 중앙선 침범사고의 위험이 있다.

해 **커브길의 교통사고위험**
　㉠ 도로 외 이탈의 위험이 뒤따른다.
　㉡ 중앙선을 침범하여 대향차와 충돌할 위험이 있다.
　㉢ 시야불량으로 인한 사고의 위험이 있다.

06 운전자가 운행 중 시도하는 내용의 설명 중 잘못된 것은?

① 인지 : 교통상황 등을 알아차리는 것

② 판단 : 상황에 따라 행동해야 할 것을 결정하는 것

③ 조작 : 결정한 대로 자동차의 조향과 제동 등을 조작하는 것

④ 사고요인 : 인지, 판단, 조작과정의 한 과정에서만 발생되는 것

07 교차로의 황색신호가 의미하는 것으로 틀린 것은?

① 교통사고를 예방하기 위해 설치된 신호이다.

② 전신호와 후신호가 현시되는 사이에 주는 신호이다.

③ 전신호에 따라 주행하는 차량과 후신호에 따라 주행하는 차량과의 상충을 예방하기 위한 것이다.

④ 황색신호가 현시되는 시간은 통상 6초 이상이다.

| 📖 정답 | 01 ③ 　02 ① 　03 ③ 　04 ② 　05 ① 　06 ④ 　07 ④

08 다음 중 커브도로주행 시 방어운전으로 부적합한 것은?

① 핸들조작시 가속이나 감속을 하지 않는다.
② 주간에는 전조등 사용으로 자신의 존재를 알린다.
③ 비, 눈, 빙판에는 사전 커브길을 조심한다.
④ 커브도로상 핸들과다조작을 금지한다.

해 주간에는 경음기, 야간에는 전조등을 사용하여 자기 차의 존재를 알린다.

09 안개 낀 도로운행 시 안전운행이라고 할 수 없는 것은?

① 안개 낀 구간은 속도를 낮춘다.
② 안개가 끼면 전조등, 미등을 켜고 안전운행한다.
③ 안개가 끼면 특히 커브길에서는 경음기를 사용한다.
④ 안개가 끼여 시야가 나쁜 날은 운전을 하지 않는다.

해 안개로 인해 시야의 장애가 발생되면 우선 차간거리를 충분히 확보하고 앞차의 제동이나 방향전환 등의 신호를 예의주시하며 천천히 주행해야 안전하다.

10 야간에 마주보고 운행하는 경우에 등화조작 방법으로 옳은 것은?

① 전조등을 소등한다.
② 전조등의 방향을 하향으로 조작한다.
③ 앞차가 전조등을 아래로 향하지 않으면 하이빔으로 대응한다.
④ 전조등은 끄고 안개등을 켠다.

해 모든 차의 운자는 밤에 차가 서로 마주 보고 진행하거나 앞 차의 바로 뒤를 따라가는 경우에는 등화의 밝기를 줄이거나 상향일 경우 하향으로 하는 등의 필요한 조작을 하여야 한다.

11 야간에 앞차를 뒤따라가는 차량의 운전자로서 등화조작방법이 올바른 것은?

① 모든 등화를 소등한다.
② 전조등을 밝게 한다.
③ 전조등의 불빛을 아래로 향하게 한다.
④ 안개등을 켜고 전조등을 상향으로 한다.

해 전조등 불빛을 로우빔(하향)으로 하여야 한다.

12 다음 중 비가 올 때의 안전운행요령이 아닌 것은?

① 차간거리를 충분히 유지하여 추돌사고를 예방한다.
② 평소의 속도보다 감속하여 운행한다.
③ 규정속도보다 속도를 높여 운행한다.
④ 전방주시를 철저히 하고 운행한다.

해 비가 올 때에는 속도를 낮추고 전방주시를 철저히 하며 운행한다.

13 다음 중 커브도로상에서의 원심력 작용에 대한 내용이 아닌 것은?

① 미끄러운 도로를 운행할수록 원심력 작용이 커진다.
② 차량속도가 빠를수록 원심력 작용이 커진다.
③ 차량의 중량이 큰 대형차량이 원심력 작용이 더 크다.
④ 주행반경이 크면 원심력 작용이 커진다.

해 주행반경이 크면 원심력 작용이 작아진다.

14 다음 중 비포장도로에서의 안전운행요령이 아닌 것은?

① 비포장도로는 노면의 마찰계수가 낮고 미끄럽다.
② 차량의 하체에 돌 등이 접촉되지 않도록 서행한다.
③ 진흙에 빠지면 고속회전시켜 빠져 나온다.
④ 브레이킹, 가속페달을 조작하여 핸드링 등을 부드럽게 한다.

해 모래, 진흙 등에 빠졌을 때 주의할 점은 엔진을 고속회전시키지 않는다는 것이다. 몇 차례의 시도로 차가 밖으로 나오지 못하면 변속기의 손상과 엔진의 과열을 방지하기 위해 견인을 한다.

| 📖 **정답** | 08 ② 09 ④ 10 ② 11 ③ 12 ③ 13 ④ 14 ③

15 도로에 물이 고인 장소를 통과할 때 올바른 운행 방법은?

① 일시정지 후 주의하면서 서행으로 운행한다.
② 물이 튀게 운행하여도 법적 처벌은 받지 않는다.
③ 물이 튀지 않게 속도를 감속하여 서행으로 운행한다.
④ 평균속도를 유지하며 진행한다.

해 도로상 물이 고인 장소에서는 감속·서행 운행하여야 한다.

16 다음 중 내리막 도로상에서 기어변속 요령이 아닌 것은?

① 변속기어를 사용 시에는 도로의 흐름보다 신속히 시행한다.
② 변속할 때 클러치페달을 밟고 떼는 순간 동시 레버를 작동시킨다.
③ 내리막 도로상에서는 가능한 한 저속기어를 사용한다.
④ 내리막 도로상에서는 고속기어를 사용하고 과속으로 운행한다.

해 내리막 도로상에서는 저속기어를 사용하여 운전한다.

17 철길건널목에서의 안전운행이라고 볼 수 없는 것은?

① 일단정지하여 좌우 확인 후 안전하게 통과한다.
② 건널목을 통과할 때에는 기어변속을 하지 않는다.
③ 건널목에서 앞차가 일시정지하지 않고 운행하면 함께 통과한다.
④ 건널목 앞 도로의 여유공간을 확인하고 운행한다.

해 철길건널목에서는 일시정지한 후, 좌우의 안전을 확인한다.

18 오르막 도로상에서의 방어운전이 아닌 것은?

① 출발 시 핸드 브레이크를 이용한다.
② 정차 시에는 풋 브레이크만을 이용한다.
③ 오르막 도로 정상에서는 주위를 더 살피고 서행한다.
④ 좁은 도로상의 교행 시 내려오는 차에 양보한다.

해 오르막 도로에서 정차 시에는 풋 브레이크와 핸드 브레이크를 동시에 사용한다.

19 다음 중 차량의 주차장소의 설명으로 맞는 것은?

① 교차로, 횡단보도 등은 주차만 금지된다.
② 화재경보기로부터 3m 이내에는 주차가 금지된다.
③ 터널 안, 다리 위는 주차는 가능하다.
④ 도로공사구역 가장자리로부터 5m 이내에는 정차가 금지된다.

해 주차금지장소
　① 터널 안, 다리 위
　② 화재경보기로부터 3m 이내의 곳
　③ 다음의 곳으로부터 5m 이내의 곳
　　㉠ 소방용 기계·기구가 설치된 곳
　　㉡ 소방용 방화물통
　　㉢ 흡수구나 흡수구멍
　　㉣ 도로공사하는 경우 양쪽 가장자리

20 정지거리에 대한 설명 중 옳지 않은 것은?

① 젖어 있는 아스팔트 도로는 마찰에 의한 정지거리가 짧다.
② 제동거리는 새 타이어가 낡은 타이어 보다 짧다.
③ 공주거리와 제동거리를 더한 것이다.
④ 차량속도가 빠르면 길어진다.

해 '정지거리 = 공주거리 + 제동거리'이고 젖은 도로에서는 제동 거리가 증가하므로 정지거리가 길어진다. 운전자의 과로·음주·피로·졸음운전 시 공주거리는 길어진다.

21 다음 중 야간주행 시 주의할 사항이 아닌 것은?

① 야간에는 주간보다 속도를 다소 낮춰서 운행한다.
② 커브도로에는 더욱 더 속도를 감속하고 운행한다.
③ 교행 중일 때에는 불빛을 상향 조정하고 운행한다.
④ 야간에도 행인이 보행하므로 주의를 철저히 한다.

해 교행 중일 때에는 불빛을 하향 조정하고 운행한다.

22 눈길 운행 시 안전운행요령이 아닌 것은?

① 눈길에서는 20% 감속운행한다.
② 앞차와 충분한 안전거리를 2배 이상 두고 운행한다.
③ 차량의 체인장치 후 과속으로 운행한다.
④ 비탈길 내리막 도로에는 저속기어와 엔진브레이크를 사용하여 운행한다.

해 체인은 구동바퀴에만 장착하며 벗겨질 염려가 있으므로 과속하지 않도록 한다.

23 교차로에 동시 진입한 경우 통행 우선순위에 대한 설명이 잘못된 것은?

① 직진하는 차량이 좌회전 차량보다 우선
② 우측도로에서 진입하는 차량이 우선
③ 폭이 좁은 도로에서 진입하는 차량이 우선
④ 긴급자동차가 통행우선

24 앞지르기할 때 운전자의 행동으로 올바른 것은?

① 전조등을 등화한 후 양쪽으로 앞지르기할 수 있다.
② 터널 안은 앞지르기할 수 있는 장소이다.
③ 앞차의 좌측으로 앞지르기 한다.
④ 앞차의 우측으로 앞지르기 한다.

25 다음 중 여름철 자동차관리요령이 아닌 것은?

① 냉각장치, 와이퍼 작동상태 등의 점검을 실시한다.
② 타이어의 마모상태를 확인하고 교체한다.
③ 차가 물에 빠졌을 때에는 즉시 시동을 걸어 운행한다.
④ 배터리 및 전기배선 등을 점검한다.

해 폭우 등으로 물에 잠긴 차량의 경우는 각종 배선에서 수분이 완전히 제거되지 않아 합선이 일어날 수 있으므로 시동을 건다든지 전기장치를 작동시키지 말고 전문가의 도움을 받는다.

26 다음 중 겨울철 안전운행이라고 볼 수 없는 것은?

① 커브도로, 그늘진 도로에서는 감속운행한다.
② 눈길에서는 20~50% 감속운행한다.
③ 전후방을 살펴 안전하게 운행한다.
④ 오르막 도로에서는 앞차를 바짝 따라 운행한다.

해 오르막 도로에서는 차간거리를 유지하면서 운행하여야 한다.

27 교통안전표지의 노면표시가 점선-실선-복선으로 표시된 경우 무엇을 의미하는 것인가?

① 허용-제한-강조 ② 허용-강조-제한
③ 제한-허용-강조 ④ 강조-제한-허용

28 자동차 서행을 올바르게 설명한 것은?

① 자동차를 즉시 정지시킬 수 있는 정도의 느린 속도로 주행하는 것
② 자동차를 즉시 주차시킬 수 있는 정도의 느린 속도로 주행하는 것
③ 자동차가 미끄러지지 않도록 핸드브레이크로 제동하는 것
④ 자동차를 1분 이내로 정지시킬 수 있는 정도의 느린 속도로 주행하는 것

| 정답 | 21 ③ 22 ③ 23 ③ 24 ③ 25 ③ 26 ④ 27 ① 28 ①

29 자동차 운행 중 시행해야 하는 경우라고 볼 수 없는 것은?

① 신호기가 없거나 교통정리를 하고 있지 않는 교차로
② 구부러진 도로를 운행할 때
③ 안전표지 등으로 지방경찰청장이 지정한 장소
④ 교차로 등에서 긴급자동차가 진입하는 경우

30 자동차의 서행 또는 일시정지해야 할 상황과 장소에서의 설명 중 틀린 것은?

① 교차로상에서 좌회전 또는 우회전 할 경우에는 서행한다.
② 황색신호시 정지선이 앞에 있는 경우에는 정지선 전에 정지한다.
③ 횡단보도에 보행자가 횡단할 때는 횡단보도 전에서 정지한다.
④ 건물 또는 주차장 등에서 도로로 진입할 때는 서행한다.

31 도로교통법상 자동차의 타이어가 일시적으로 정지시키는 상태를 무엇이라 하나?

① 정차
② 주차
③ 서행
④ 일시정지

32 운행하는 차량이 도로에 물건을 던지는 행위를 하였을 때 부과되는 범칙금액은?

① 3만 원
② 4만 원
③ 5만 원
④ 7만 원

33 자동차가 운행 중 엔진 과열현상이 있을 때 점검 대상이 아닌 것은?

① 냉각팬과 워터 펌프의 작동상태 확인
② 라디에이터의 막힘상태 확인
③ 냉각수와 엔진오일양의 확인 및 누출여부 상태 확인
④ 에어클리너 오염상태 확인

해 엔진이 과열하는 경우에는 냉각계동을 점검하도록 한다. 에어클리너 오염상태 확인이란 연료통점검이다.

34 갓길의 역활을 잘못 설명한 것은?

① 사고 시 사고 차량에 대한 대비의 역할을 한다.
② 도로 측면에 여유폭으로 교통의 안전성을 도모한다.
③ 도로 유지관리 작업이나 교통사고 차량 대치 장소 역할을 한다.
④ 교통체증 시 주행할 수 있는 역할을 한다.

35 이면도로 통행할 때 안전한 운행하고 거리가 먼 것은?

① 위험을 예상하며 속도를 줄여 운행한다.
② 위험이 있을 경우 즉시 정차할 수 있는 속도로 운행한다.
③ 이륜차 또는 어린이의 돌출을 예상한다.
④ 교통량이 적은 도로이므로 속도를 높여 급이 빠져 나온다.

36 60km/h의 속도로 주행하고 있는 경우 1초 동안 차가 주행하는 거리는?

① 16.7m
② 22m
③ 30.3m
④ 60m

해 km를 m로 환산한 후 시간을 분으로, 분을 초로 환산하여 계산한다. 60km는 60,000m이며 1시간은 3,600초이므로 60,000÷3,600≒16.7m.

37 주행 중 급제동을 할 경우 정지에 영향을 주는 것으로 관계가 없는 것은?

① 운전자의 반응 시간
② 운전자의 판단 능력
③ 브레이크와 타이어의 상태
④ 엔진 성능

| 📖 정답 | 29 ④ 30 ④ 31 ④ 32 ③ 33 ④ 34 ④ 35 ④ 36 ① 37 ④

38 운행 중 차량이 제동하는 차체의 관성에 의해 앞 범퍼 부분이 내려앉는 현상을 무엇이라 하는가?

① 노즈 업 현상　　② 노즈 다운 현상
③ 슬립 현상　　　④ 휠밸런스 현상

39 고속도로에서 앞차와의 안전거리는 몇 m 이상 유지하여야 하는가?

① 300m　　　　② 200m
③ 100m　　　　④ 500m

📘 고속도로에서는 앞차와 100m 이상의 충분한 거리를 두고 운전하여야 한다.

40 다음 공주거리를 설명한 중에서 올바른 것은?

① 제동거리는 반드시 정지할 때 나타난다.
② 위험을 느끼고 가속페달에서 발을 옮기어 브레이크 페달을 밟아 자차가 정지할 때까지 주행한 거리
③ 위험을 느끼고 가속페달에서 발을 옮기어 제동페달을 밟아서 제동효과가 나타나기까지 주행한 거리
④ 위험을 느끼고 가속페달에서 발을 옮기어 제동페달까지 옮기는데 걸리는 시간

📘 운전자가 위험을 느끼고 브레이크가 듣기 시작할 때까지 주행한 거리를 공주거리라 한다.

41 정지거리에 대한 설명 중 옳지 않은 것은?

① 젖어 있는 아스팔트 도로는 마찰에 의한 정지거리가 짧다.
② 공주거리는 운전자의 반응시간과 밀접한 관계가 있다.
③ 공주거리에다 제동거리를 더한 것이다.
④ 차량속도가 빠르면 길어진다.

📘 '정지거리 = 공주거리 + 제동거리'이고 젖은 도로에서는 제동거리가 증가하므로 정지거리가 길어진다. 운전자의 과로·음주·피로·졸음운전 시 공주거리는 길어진다.

42 커브 길에 대한 설명으로 옳지 않은 것은?

① 도로가 왼쪽 또는 오른쪽으로 굽은 곡선부의 도로 구간을 말한다.
② 곡선반경이 길수록 완만한 커브길이 된다.
③ 곡선반경이 짧을수록 완만한 커브길이 된다.
④ 곡선부위 곡선반경이 극단적으로 길어져 무한대에 이르면 직선도로가 된다.

43 커브 길에서 교통사고의 위험을 설명한 것으로 적합하지 않은 것은?

① 시야 불량으로 인한 사고의 위험이 있다.
② 중앙선을 침범하여 대향차와 충돌할 위험이 있다.
③ 도로 외로 차량의 이탈 위험이 있다.
④ 시야의 확보가 쉬우므로 사고 위험이 적다.

44 커브길 주행 시의 안전운전 및 방어운전에 대한 설명으로 적합하지 않은 것은?

① 커브 길에서 앞지르기 금지 안전표지가 없는 경우에는 앞지르기를 하라는 것을 의미한다.
② 항상 반대 차로에서 차가 오고 있다는 것을 염두에 두고 차로를 준수하여 운전한다.
③ 중앙선을 침범하거나 도로의 중앙으로 치우쳐 운전하지 않는다.
④ 커브 길에서는 미끄러지거나 전복될 위험이 있으므로 가능한 급핸들 조작이나 급제동을 하지 않는다.

45 다음 중 운전자의 인지 지연반응 시간 중 가장 짧은 반응시간으로 맞는 것은?

① 반사적 반응　　② 단순한 반응
③ 복잡한 반응　　④ 분별적 반응

| 📖 **정답** | 38 ② | 39 ③ | 40 ③ | 41 ① | 42 ③ | 43 ④ | 44 ① | 45 ① |

제3장 교통심리

제1절 교통사고의 요인

(1) 도로교통체계 구성 요소

1) 운전자 및 보행자 등 도로사용자

2) 차량

3) 도로 및 교통신호등 등의 환경

교통사고 3대 요인은 인적요인(운전자, 보행자 등), 차량요인, 도로·환경요인이다.

제2절 운전특성

(1) 인지, 판단, 조작

자동차 운전자는 운행 중 교통상황을 인지하고 어떻게 자동차를 움직여 운전할 것인가를 결정하고(판단), 그 결정에 따라 자동차를 움직이는 운전행위(조작)에 이르는 "인지 - 판단 - 조작"의 과정을 수없이 반복한다.

(2) 시각특성

운전자는 운전 중 필요한 정보를 얻기 위해 다른 감각보다 시각에 대부분 의존한다.

1) 운전과 관련되는 시각의 특성

① 운전자는 운전에 필요한 정보의 대부분을 시각을 통하여 획득한다.

② 속도가 빨라질수록 시력과 시야의 범위가 좁아진다.

③ 속도가 빨라질수록 전방주시점은 멀어진다.

2) 정지시력: 정지상태에서 전방의 물체를 읽을 수 있는 것을 의미한다.

3) 동체시력: 움직이는 물체(자동차, 사람 등) 또는 움직이면서(운전하면서) 다른 자동차나 사람 등의 물체를 보는 시력을 말한다.

4) 야간시력: 야간에 전방의 상태를 읽을 수 있는 것을 의미한다.

① 사람이 입고 있는 옷 색깔의 영향

야간에 하향 전조등만으로 서로 다른 색깔의 옷을 입고 있는 사람을 인지, 확인할 때 인지하기 쉬운 옷 색깔은 흰색, 엷은 황색의 순이며 흑색이 가장 어렵다. 무엇인가가 사람이라는 것을 확인하기 쉬운 옷 색깔은 적색, 백색의 순이며 흑색이 가장 어렵다. 주시대상인 사람이 움직이는 방향을 알아 맞히는데 가장 쉬운 옷 색깔은 적색이며 흑색이 가장 어렵다.

② 통행인의 노상위치와 확인거리

주간의 경우 운전자는 중앙선에 있는 통행인을 갓길에 있는 사람보다 쉽게 확인할 수 있지만 야간에는 대향차량 간의 전조등에 의한 현혹현상(눈부심 현상)으로 중앙선상의 통행인을 우측 갓길에 있는 통행인보다 확인하기 어렵다.

③ 야간운전 주의사항

ㄱ. 운전자가 눈으로 확인할 수 있는 시야의 범위가 좁아진다.

ㄴ. 마주 오는 차의 전조등 불빛에 현혹되는 경우 물체식별이 어려워진다.

ㄷ. 술에 취한 사람이 차도에 뛰어드는 경우에 주의해야 한다.

(3) 명순응과 암순응

1) 암순응

일광 또는 조명이 밝은 조건에서 어두운 조건으로 변할 때 사람의 눈이 그 상황에 적응하여 시력을 회복하는 것을 말한다.

즉, 맑은 날 낮 시간에 터널 밖을 운행하던 운전자가 갑자기 어두운 터널 안으로 주행하는 순간 일시적으로 일어나는 운전자의 심한 시각장애를 말하며, 시력회복이 명순응에 비해 매우 느리다.

2) 명순응

일광 또는 조명이 어두운 조건에서 밝은 조건으로 변할 때 사람의 눈이 그 상황에 적응하여 시력을 회복하는 것을 말한다. 즉, 암순응과는 반대로 어두운 터널을 벗어나 밝은 도로로 주행할 때 운전자가 일시적으로 주변의 눈부심으로 인해 물체가 보이지 않는 시각장애를 말한다.

(4) 심시력

전방에 있는 대상물까지의 거리를 목측하는 것을 심경각이라고 하며, 그 기능을 심시력이라고 한다. 심시력의 결함은 입체공간 측정의 결함으로 인한 교통사고를 초래할 수 있다.

(5) 시야

1) 시야와 주변시력

정지한 상태에서 눈의 초점을 고정시키고 양쪽 눈으로 볼 수 있는 범위를 시야라고 한다. 정상적인 시력을 가진 사람의 시야 범위는 180°~200°이다.

2) 속도와 시야

시야의 범위는 자동차 속도에 반비례하여 좁아진다.

제3절 사고의 심리

(1) 착각

착각의 정도는 사람에 따라 다소 차이가 있지만, 착각은 사람이 태어날 때부터 지닌 감각에 속한다.

① **크기의 착각** : 어두운 곳에서는 가로 폭보다 세로 폭을 보다 넓은 것으로 판단한다.

② **원근의 착각** : 작은 것은 멀리 있는 것 같이, 덜 밝은 것은 멀리 있는 것으로 느껴진다.

③ 경사의 착각

ㄱ. 작은 경사는 실제보다 작게, 큰 경사는 실제보다 크게 보인다.

ㄴ. 오름 경사는 실제보다 크게, 내림경사는 실제보다 작게 보인다.

④ 속도와 착각(상반의 착각)

ㄱ. 주시점이 가까운 좁은 시야에서는 빠르게 느껴진다. 비교 대상이 먼 곳에 있을 때는 느리게 느껴진다.

ㄴ. 상대 가속도감(반대방향), 상대 감속도감(동일방향)을 느낀다.

ㄷ. 주행 중 급정거 시 반대방향으로 움직이는 것처럼 보인다.

ㄹ. 큰 물건들 가운데 있는 작은 물건은 작은 물건들 가운데 있는 같은 물건보다 작아 보인다.

ㅁ. 한쪽 방향의 곡선을 보고 반대 방향의 곡선을 봤을 경우 실제보다 더 구부러져 있는 것처럼 보인다.

⑤ 예측의 실수

ㄱ. 감정이 격앙된 경우

ㄴ. 고민거리가 있는 경우

ㄷ. 시간에 쫓기는 경우

(2) 피로와 교통사고

운전자의 피로가 지나치면 과로가 되고 정상적인 운전이 곤란해진다. 그 결과는 교통사고로 연결될 수 있다.

1) 피로의 진행과정

① 피로의 정도가 지나치면 과로가 되고 정상적인 운전이 곤란해진다.

② 피로 또는 과로 상태에서는 졸음운전이 발생될 수 있고 이는 교통사고로 이어질 수 있다.

③ 연속운전은 일시적으로 급성피로를 낳게 한다.

④ 매일 시간상 또는 거리상으로 일정 수준 이상의 무리한 운전을 하면 만성피로를 초래한다.

2) 장시간 연속운전

장시간 연속운전은 심신의 기능을 현저히 저하시킨다.

3) 수면부족

적정한 시간의 수면을 취하지 못한 운전자는 교통사고를 유발할 가능성이 높음으로 운전계획이 세워지면 운행 전에 충분한 수면을 취한다.

기출문제와 예상문제(20문제)

01 도로교통의 구성인 체계의 요소가 아닌 것은?

① 운전자 및 보행자를 비롯한 사람
② 도로 및 교통신호 등의 환경
③ 자동차
④ 도로관련 법규

02 사고발생요인 중 가장 많은 비중을 차지하고 있는 것은?

① 교통수단의 요인　② 환경요인
③ 인적 요인　　　　④ 횡단보도요인

해 사고발생요인은 인적 요인, 환경요인, 차량요인인데, 운전자의 주의, 인식의 식별성, 반응 등 운전자의 정보처리에 의한 인적 요인이 제일 크다.

03 교통사고의 환경요인 중 교통환경에 해당되지 않는 것은?

① 보행자 교통량　② 차량 교통량
③ 운행차 구성　　④ 정부의 교통정책

해 정부의 교통정책은 교통사고의 환경요인 중 사회환경적 요인이다.

04 교통사고의 도로요인 중 도로구조요건에 해당되는 것은?

① 방호책(옹벽)　　② 노면표시
③ 차로수(도로구조)　④ 신호등(신호기)

해 도로구조요건 : 도로의 선형, 노면, 차로수, 노폭, 구배 등

05 다음 중 환경요인에 적용되지 않는 것은?

① 교통환경　　　② 구조환경
③ 시설환경　　　④ 사회환경

해 교통사고의 환경요인 : 자연환경, 교통환경, 사회환경, 구조환경

06 다음 중 교통사고의 차량요인으로 맞는 것은?

① 각종 신호관련 표지판 등
② 차량구조장치, 적하 등
③ 도로안전시설 등
④ 운전자 또는 보행자, 신체적·생리적 조건, 심리적 조건 등

해 교통사고의 차량요인 : 차량구조장치, 부속품 또는 적하 등

07 교통사고의 개념에 가장 적합한 것은?

① 도로법에서 정한 도로상에서 운행 중에 차와 사람, 차와 차, 차와 기물 등이 접촉함으로써 인명의 사상 또는 기물의 손괴를 야기시키는 것이다.
② 도로교통법에서 정한 도로상에서 운행 중에 사고가 발생하여 인명의 사상, 기물의 손괴를 야기시키는 것이다.
③ 도로법에 의한 도로교통상에서 발생한 모든 사고를 말한다.
④ 삭도·궤도법에 의한 운행상의 모든 사고를 말한다.

해 교통사고란 운행 중 도로상에서 각종 교통수단이 다른 교통수단이나 사람 또는 기물 등과 충돌·접촉하여 사람을 사상하게 하거나 기물을 손괴하여 재산상의 손실을 야기시키는 것을 말한다.

| 📖 정답 | 01 ④　02 ③　03 ④　04 ③　05 ③　06 ②　07 ①

08 교통사고가 발생되는 불안전한 환경이라고 볼 수 없는 것은?

① 격한 감정과 운전태도   ② 건강 상태
③ 음주   ④ 적재물의 가치

09 운전자가 운행 중 운전자로서 수행하는 기능을 순서대로 나열한 것은?

① 확인 - 예측 - 행동 - 결정
② 확인 - 행동 - 결정 - 예측
③ 확인 - 예측 - 결정 - 행동
④ 확인 - 결정 - 예측 - 행동

10 야간 운행 시 마주 오는 대향차의 조명 불빛으로 인해 전방의 보행자 등의 모습을 볼 수 없게 되는 현상을 무엇이라 하는가?

① 착시현상   ② 현혹현상
③ 증발현상   ④ 착각현상

11 다음 중 운전 피로에 영향이 될 수 없는 것은?

① 수면 부족 등의 생활환경
② 운행 조건 등의 운전작업상의 요인
③ 법규준수에 대한 부담요인
④ 신체 조건 및 질병 등의 요인

12 다음 중 운전자 시각 특성이라고 할 수 없는 것은?

① 운전자는 운전에 필요한 정보의 대부분은 느낌으로 획득한다.
② 속도가 빨라질수록 시력은 떨어진다.
③ 속도가 빨라질수록 시야는 좁아진다.
④ 속도가 빨라질수록 전방 주시가 저하된다.

13 전방의 대상물을 시각으로 확인하는 것을 심경각이라 하는데 이에 대한 기능은 무엇이라 하는가?

① 심시력   ② 간접력
③ 목측력   ④ 관통력

14 다음 중 암순응을 올바르게 표현되지 않은 것은?

① 밝은 조건에서 어두운 조건으로 변할 때 사람의 눈이 그 상황에 적응하며 시력을 회복하는 것이다.
② 터널 안에 들어가는 주행 시 순간 일시적으로 나타나는 하나의 시각장애를 말한다.
③ 터널 안을 주행하다 터널을 벗어나는 순간의 시각장애를 말한다.
④ 암순응의 온전한 적응은 터널의 경우 통상 5~10초 정도가 걸린다.

15 다음 중 명순응을 올바르게 설명된 것은?

① 일광 또는 조명이 어두운 곳에서 밝은 조건이 될 때 사람의 눈이 상황에 적응하여 회복하는 것을 말한다.
② 터널에서 나와 밝은 상태가 되었을 때 눈부심이 없이 순간 물체가 잘 보이는 현상이다.
③ 명순응에서 회복되는 시간은 암순응 보다 느리다.
④ 명순응은 운전 경력으로 극복되는 것이다.

16 교통사고 심리적 요인인 착각이라고 볼 수 없는 것은?

① 원근의 착각   ② 경사의 착각
③ 중량의 착각   ④ 속도의 착각

| 📖 정답 | 08 ④   09 ③   10 ③   11 ③   12 ①   13 ①   14 ③   15 ①   16 ③

해 교통사고 특성의 하나인 운전자 착각은 크기의 착각(어두운 곳에서는 가로폭보다 세로가 길게 보임), 원근의 착각(작은 것이 멀리, 큰 것이 가깝게 느낌), 경사의 착각(오름 경사는 실제보다 크게, 내림 경사는 실제보다 작게 보임), 속도의 착각(주시점이 가깝고 좁은 도로에서는 빠르게 느껴지고, 주시점이 먼곳에, 넓은 도로일수록 느리게 느껴짐), 상반의 착각(큰 것들 사이에 있는 적은 실제보다 작게, 상대 속도보다 느린 경우 앞으로 가지만 뒤로 가는 느낌을 가진다)이 있다.

17 운전 중 전방의 물체를 확인한 후 예측하는 과정에서 실수를 범하는 요인이라고 볼 수 없는 것은?

① 격앙된 감정이 있을 때
② 고민과 걱정거리가 있을 때
③ 시간에 쫓기는 등 급할 때
④ 적재물이 고정된 상태가 아닐 때

18 움직이는 물체를 보는 동체시력의 특성이라고 볼 수 없는 것은?

① 동체시력은 물체의 이동속도가 빠를수록 상대적으로 저하된다.
② 동체시력은 연령이 많을수록 저하된다.
③ 동체시력은 운전경력이 많을수록 높아진다.
④ 동체시력은 장시간 운전으로 인한 피로감이 높으면 저하된다.

19 사고발생 시 취할 단계로 적당한 것은?

① 사고보고 – 부상자 치료 - 현장보존 – 정보수집
② 사고보고 – 부상자 치료 - 정보수집 – 현장보존
③ 현장보존 – 부상자 응급치료 - 사고보고 - 정보수집
④ 부상자 응급치료 – 현장보존 - 사고보고 - 정보수집

해 사고발생 시 처리의 수습단계로서 먼저 현장보존, 후속사고 예방방지, 부상자 응급치료와 관할파출소에 사고 후 사고정보 등을 보고한다.

20 원동기면허, 제1종면허, 대형면허증 3종류를 취득한 운전자가 오토바이를 운행 중 음주운전으로 단속된 경우 운전면허증이 취소되는 종류는?

① 원동기 면허증만 취소
② 원동기면허와 제1종면허증만 취소
③ 대형면허증만 취소
④ 취득한 모든 자동차 면허증 취소

제4장 자동차의 특성과 구조

01 자동차의 정의

자동차란 차체에 엔진의 동력을 이용하여 레일에 의하지 않고 노상을 자유로이 주행할 수 있는 차량을 말한다. 따라서 궤도차와 같이 궤도를 이용한 차량이나 트롤리버스(trolley bus)와 같이 가선(架線)을 사용하는 것은 자동차에 포함되지 않는다. 그러나 트랙터, 트럭이나 트레일러 버스와 같이 견인차에 의해 견인되는 차량은 자동차에 포함한다.

02 자동차의 제원

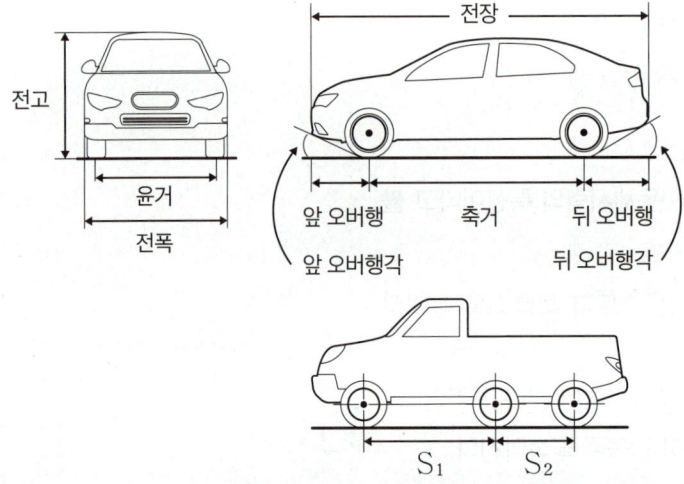

① **전장**(overall length) : 자동차의 범퍼, 미등 등을 포함한 자동차의 제일 앞쪽 끝에서 제일 뒤쪽까지의 전길이

② **전폭**(overall width) : 자동차의 중심면에서 직각으로 측정하였을 경우 자동차의 최대폭. 단 백미러는 포함하지 않는다.

③ **전고**(overall height) : 접지면에서 자동차 최고부까지의 높이

④ **축거**(wheel base) : 전 · 후 차축의 중심에서 중심까지의 수평거리. 차축이 3개인 것은 앞차축 사이를 제1축거, 중간차축과 뒤차축 사이를 제2축거

⑤ **윤거**(tread) : 좌우 타이어의 중심거리를 윤거. 복륜의 경우는 복륜타이어의 중심에서 중심까지의 거리

⑥ **앞오버행** : 앞바퀴의 중심에서 범퍼, 훅(hook) 등을 포함한 앞부분까지의 거리

⑦ **뒤오버행** : 맨 뒷바퀴의 중심에서 범퍼 등을 포함한 뒷부분까지의 거리

⑧ **조향각**(steering angle) : 자동차가 방향을 바꿀 때 조향바퀴의 선회이동하는 각도

03 자동차의 물리적 현상

① **베이퍼로크**(vapor lock)**현상** : 긴 내리막길 도로에서 풋 브레이크를 많이 사용하면 브레이크의 드럼과 라이닝이 과열되어 휠실린더 등의 브레이크 오일 속에 기포가 생기게 되며, 이에 따라 브레이크 페달을 밟아도 유압이 전달되지 않아 브레이크가 잘 작동되지 않는 현상

② **페이드**(Fade)**현상** : 고속주행 중 내리막길에서 짧은 시간 안에 풋 브레이크를 지나치게 사용하면 브레이크 라이닝이 과열되어 온도 상승으로 라이닝면의 마찰계수가 극히 작아져서 제동 효과가 저하되는 현상

③ **스탠딩웨이브**(standing wave)**현상** : 자동차가 고속주행할 때 일정속도 이상이 되면, 타이어 접지부의 바로 뒷부분이 부풀어 물결처럼 주름이 잡히는 현상. 스텐딩웨이브현상을 예방하기 위해서는 속도를 낮추거나 공기압을 높인다.

④ **수막현상**(hydroplaning) : 자동차가 물이 고인 노면을 고속으로 주행할 때 타이어는 골 사이에 있는 물을 배수하는 기능이 감소되어 물의 저항에 의해 노면으로부터 떠올라 물 위를 미끄러지듯이 도는 현상

⑤ **모닝로크**(morning lock)**현상** : 비가 자주 오거나 습도가 높은 날, 또는 오랜 시간 주차한 후에 브레이크드럼에 미세한 녹이 발생하는 현상. 이 현상이 발생하면 브레이크드럼과 라이닝, 브레이크패드와 디스크의 마찰계수가 높아져 평소보다 브레이크가 지나치게 예민하게 작동된다.

⑥ **내륜차** : 핸들을 돌렸을 때 안쪽 앞바퀴와 뒷바퀴가 그리는 원호의 반경차

⑦ **외륜차** : 바깥쪽 앞바퀴와 뒷바퀴가 그리는 원호의 반경차

⑧ **노즈다운**(Nose down) : 자동차를 제동할 때 바퀴는 정지하려 하고 차체는 관성에 의해 이동하려는 성질 때문에 앞범퍼 부분이 내려가는 현상. 다이브(Dive) 현상이라고도 한다.

⑨ **노즈업**(Nose up) : 자동차가 출발할 때 구동바퀴는 이동하려 하지만 차체는 정지하고 있기 때문에 앞범퍼 부분이 들리는 현상. 스쿼트(Squat) 현상이라고도 한다.

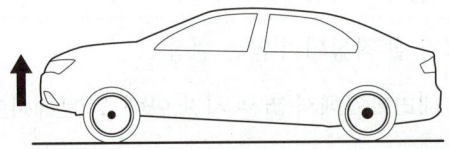

⑩ **원심력** : 돌맹이를 끈으로 매고 돌리면 돌맹이가 끈을 잡아당기는 것 현상으로 원의 중심으로부터 벗어나려는 힘. 원심력이 커지면 차는 도로 밖으로 기울면서 튀어 나가게 되는데 원심력은 속도의 제곱에 비례한다. 원심력은 속도가 빠를수록, 커브가 작을수록, 또 중량이 무거울수록 커지게 된다.

04 주요 안전장치

(1) 제동장치

제동장치는 주행하는 자동차를 감속 또는 정지시킴과 동시에 주차 상태를 유지하기 위한 장치

① 주차 브레이크

차를 주차 또는 정차시킬 때 사용하는 제동장치로서 주로 손으로 조작하나, 일부 승용자동차의 경우는 발로 조작하는 경우로 뒷바퀴 좌·우가 고정된다.

② 풋 브레이크

주행 중에 발로써 조작하는 주 제동장치로서 브레이크 페달을 밟으면 브레이크 마스터 실린더 내의 피스톤이 작동하여 브레이크액이 압축되고, 압축된 브레이크액이 파이프를 따라 휠 실린더로 전달되며, 휠 실린더의 피스톤에 의해 브레이크 라이닝을 밀어 주어 타이어와 함께 회전하는 드럼을 잡아 멈추게 한다(유압식 드럼브레이크).

③ 엔진 브레이크

가속 페달을 놓거나 저단기어로 바꾸게 되면 엔진 브레이크가 작용하여 속도가 감속된다. 이것은 구동바

퀴에 의해 엔진이 역으로 회전하는 것과 같이 되어 그 회전 저항으로 제동력이 발생하는 것.

내리막길에서 풋 브레이크만 사용하게 되면 라이닝의 마찰에 의해 제동력이 떨어지므로 엔진 브레이크를 사용하는 것이 안전하다.

④ ABS(Anti-lock Brake System)장치

ABS는 자동차 각각의 네 바퀴에 달려있는 감지기(Sensor)를 통해 브레이크를 밟을 때 바퀴가 잠기는 현상을 감지한 뒤 브레이크를 풀어주어 바퀴가 다시 돌도록 한 후 바퀴가 움직이면 다시 브레이크를 작동해 바퀴가 잠기도록 반복하면서 노면의 상태에 따라 자동적으로 제동력을 제어하여 제동 안정성을 보다 높게 확보할 수 있는 제동장치. 즉, 빙판이나 빗길 미끄러운 노면상이나 통상의 주행에서 제동 시에 바퀴를 록(lock) 시키지 않음으로써 브레이크가 작동하는 동안에도 핸들의 조종이 용이하도록 하는 제동장치

⑤ 자동차의 제동동작

ㄱ. 공주거리 : 운전자가 장애물을 발견하고 브레이크 페달에 발을 올려 브레이크가 작동되기 전까지 차량이 주행한 거리

ㄴ. 제동거리 : 브레이크에 발을 올려 브레이크가 막 작동을 시작하는 순간부터 자동차가 완전히 정지할 때까지 차량이 주행한 거리

ㄷ. 정지거리 : 운전자가 주행 중 위험을 인지하고 제동조작을 한 후 자동차가 정지할 때까지 주행한 거리 (공주거리＋제동거리)

(2) 타이어의 역할

① 휠의 림에 끼워져 회전하며 자동차가 달리거나 멈추는 것을 원활히 한다.

② 자동차의 중량을 받쳐 준다.

③ 지면으로부터 받는 충격을 흡수해 승차감을 좋게 한다.

④ 자동차의 진행방향을 전환시킨다.

(3) 앞바퀴 정렬

① **토우인**(Toe-in) : 앞바퀴를 앞에서 보았을 때 앞쪽이 뒤쪽보다 좁은 상태

ㄱ. 주행 중 타이어가 바깥쪽으로 벌어지는 것을 방지한다.

ㄴ. 캠버에 의해 토아웃 되는 것을 방지한다.

ㄷ. 주행저항 및 구동력의 반력으로 토아웃이 되는 것을 방지하여 타이어의 마모를 방지한다.

② **캠버**(Camber) : 자동차를 위에서 보았을 때, 위쪽이 아래보다 약간 바깥쪽으로 기울어져 있는 상태는 (+)

캠버, 위쪽이 아래보다 약간 안쪽으로 기울어져 있는 상태를 (-) 캠버

ㄱ. 앞바퀴가 하중을 받을 때 아래로 벌어지는 것을 방지한다.

ㄴ. 핸들조작을 가볍게 한다.

ㄷ. 수직방향 하중에 의해 앞차축의 휨을 방지한다.

③ **캐스터**(Caster) : 자동차를 옆에서 보았을 때 차축과 연결되는 킹핀의 중심선이 약간 뒤로 기울어져 있는 것

ㄱ. 주행 시 앞바퀴에 방향성(진행하는 방향으로 향하게 하는 것)을 부여한다.

ㄴ. 조향을 하였을때 직진 방향으로 되돌아오려는 복원력을 준다.

<h2>05 현가장치</h2>

현가장치는 차량의 무게를 지탱하여 차체가 직접 차축에 얹히지 않도록 해주며 도로충격을 흡수하여 운전자와 승객에게 화물에 더욱 유연한 승차를 제공

• **쇽 업소버**(Shock absorber - 충격흡수장치) : ① 노면에서 발생한 스프링의 진동을 흡수하고, ② 승차감을 향상시키며, ③ 스프링의 피로를 감소시키고, ④ 타이어와 노면의 접착성을 향상시켜 커브길이나 빗길에 차가 튀거나 미끄러지는 현상을 방지한다.

<h2>06 자동차의 진동</h2>

① **바운싱**(Bouncing ; 상하 진동) : 차체가 Z축 방향과 평행 운동을 하는 고유 진동

② **피칭**(Pitching ; 앞뒤 진동) : 차체가 Y축을 중심으로 하여 회전운동을 하는 고유 진동

③ **롤링**(Rolling ; 좌우 진동) : 차체가 X축을 중심으로 하여 회전운동을 하는 고유 진동

④ **요잉**(Yawing ; 차체 후부 진동) : 차체가 Z축을 중심으로 하여 회전운동을 하는 고유 진동

07 자동차 일상점검

(1) 원동기

① 시동이 쉽고 잡음이 없는가?

② 배기가스의 색이 깨끗하고 유독가스 및 매연이 없는가?

③ 엔진오일의 양이 충분하고 오염되지 않으며 누출이 없는가?

④ 연료 및 냉각수가 충분하고 새는 곳이 없는가?

⑤ 연료분사펌프조속기의 봉인상태가 양호한가?

⑥ 배기관 및 소음기의 상태가 양호한가?

(2) 동력전달장치

① 변속기의 조작이 쉽고 변속기 오일의 누출은 없는가?

② 추진축 연결부의 헐거움이나 이음은 없는가?

(3) 조향장치

① 스티어링 휠의 유동·느슨함·흔들림은 없는가?

② 조향축의 흔들림이나 손상은 없는가?

(4) 제동장치

① 브레이크 페달을 밟았을 때 상판과의 간격은 적당한가?

② 브레이크액의 누출은 없는가?

③ 주차 제동레버의 유격 및 당겨짐은 적당한가?

④ 브레이크액의 누출은 없는가?

⑤ 브레이크 파이프 및 호스의 손상 및 연결상태는 양호한가?

(5) 주행장치

① 휠너트(허브너트)의 느슨함은 없는가?

② 타이어의 이상마모와 손상은 없는가?

교통관련법규

여객자동차운수사업법

안전운행

운송 서비스

응급조치와 심폐소생법

지리

모의고사

③ 타이어의 공기압은 적당한가?

(6) 기타

① 와이퍼의 작동은 확실한가?

② 유리세척액의 양은 충분한가?

③ 전조등의 광도 및 조사각도는 양호한가?

④ 후사경 및 후부반사기의 비침 상태는 양호한가?

⑤ 등록번호판은 깨끗하며 손상이 없는가?

08 오감으로 판별하는 자동차 이상 징후

오감이란 시각·청각·촉각·후각·미각의 다섯 가지 감각이며 오감으로 자동차의 고장을 사전에 예방하거나 빨리 발견할 수 있다.

감각	점검 방법	적용 사례
시각	부품이나 장치의 외부 굽음·변형·녹슴 등	물·오일·연료의 누설, 자동차의 기울어짐
청각	이상한 음	마찰음, 걸리는 쇳소리, 노킹소리, 긁히는 소리 등
촉각	느슨함, 흔들림, 발열 상태 등	볼트 너트의 이완, 유격, 브레이크 작동할 때 차량이 한쪽으로 쏠림, 전기 배선 불량 등
후각	고무 또는 오일 타는 냄새	배터리액의 누출, 연료 누설, 전선 등이 타는 냄새 등
미각	단맛 또는 쓴맛	엔진오일, 부동액의 상태 등

09 배출가스로 구분할 수 있는 고장점검

자동차 머플러(소음기) 파이프에서 배출되는 가스의 색을 살펴보면, 엔진의 건강 상태를 알 수 있다.

① **무색** : 완전연소 때 배출되는 가스의 색은 정상상태에서 무색 또는 약간 엷은 청색을 띤다.

② **검은색** : 농후한 혼합가스로 불완전 연소되는 경우이다. 쵸크 고장이나 에어클리너 엘리먼트의 막힘, 연료 장치 고장 등이 원인이다.

③ **백색(흰색)** : 엔진오일이 실린더 위로 올라와 연소되는 경우로, 헤드가스킷 파손, 밸브의 오일씨일 노후 또는 피스톤 링의 마모 등으로 엔진 보링을 할 시기가 된 상태이다.

기출문제와 예상문제(25문제)

01 다음 중 차량의 제원 중 축거의 설명으로 옳은 것은?

① 축거는 앞뒤차축의 끝부분에서 수평거리이다.
② 축거는 앞뒤차축의 중심에서 중심까지의 수평거리이다.
③ 축거는 앞뒤차축의 중심에서 뒷범퍼까지 수평거리이다.
④ 축거는 앞뒤차축의 중심에서 앞범퍼까지 수평거리이다.

🔵 축거는 앞뒤차축의 중심에서 중심까지의 수평거리를 말하며, 세부사항으로 앞바퀴 중앙 중심에서 뒷바퀴 중앙 중심의 거리이다.

02 정비불량차라는 것은 어느 기준에 따른 것인가?

① 운수사업법에 저해되는 자동차
② 도로교통법에 의한 정비되지 않은 자동차
③ 자동차관리법의 안전기준에 적합하지 않은 자동차
④ 자동차 제작이 잘못된 자동차

03 다음 중 엔진 브레이크에 대한 설명으로 잘못된 것은?

① 내리막 운행에서는 풋 브레이크와 엔진 브레이크를 같이 사용하면 위험하다.
② 엔진 브레이크는 구동바퀴에 의해 엔진에 저항을 주는 것과 같아 그 회전 저항으로 제동력이 발생한다.
③ 고단기어에서 저단기어로 변환시키면 엔진 브레이크가 되어 속도가 떨어지게 된다.
④ 가속페달에서 발을 떼게 되면 엔진 브레이크가 작동하여 속도가 떨어지게 된다.

04 브레이크를 반복하여 사용하면 마찰열에 의해 브레이크 파이프 등에 기포가 생기는 현상을 무엇이라 하는가?

① 베이퍼 록(Vapour Lock) 현상
② 스탠딩 웨이브(Standing Wave) 현상
③ 하이드로플레닝(Hydro Planing) 현상
④ 노즈다이브(Nose Dive) 현상

05 브레이크의 반복 사용으로 마찰열이 라이닝에 축적되어 브레이크 제동력이 저하되는 현상을 나타낸 것은?

① 수막 현상
② 페이드 현상
③ 발열 현상
④ 엔진브레이크 현상

06 다음 중 페이드 현상은 어느 때 발생하는가?

① 비가 올 때
② 고속주행할
③ 브레이크를 자주 사용할 때
④ 비포장도로를 주행할 때

🔵 브레이크의 잦은 사용으로 라이닝의 마찰계수가 저하될 때 발생된다.

07 다음 차량운행 중 수막 현상과 관련 있는 것은?

① 페이드 현상
② 하이드로플래닝 현상
③ 스탠딩웨이브 현상
④ 시미 현상

🔵 수막 현상이란 물기 있는 도로주행 시 노면과 타이어 사이에 물의 얇은 막이 생겨 그 압력에 의해 타이어가 노면으로부터 떨어지는 현상이다.

| 📖 정답 | 01 ② 02 ③ 03 ① 04 ① 05 ② 06 ③ 07 ②

08 하이드로 플레닝 현상을 올바르게 설명한 것은?

① 고속주행을 하면 노면에서 나타나는 진동현상이다.
② 액셀레이터를 급하게 밟으면 차체가 진동을 나타내는 현상이다.
③ 빗길을 고속 주행하면 타이어가 노면에서 뜨는 상태로 주행되는 현상이다.
④ 베이퍼 록 현상의 다른 표현이다.

09 다음 중 수막 현상이 발생되는 요인과 관계가 없는 것은?

① 주행 속도   ② 타이어 공기압
③ 변속 상항   ④ 노면의 물의 양

10 스탠딩 웨이브를 올바르게 설명한 것은?

① 고속 주행은 타이어 회전속도가 빨라지면서 노면에서 받은 타이어 변형이 복원되지 않은 가운데 다시 지면에 접지되며 물결 진동 현상이 나타나는 것
② 타이어가 물속에 잠긴 상태에서 진동되는 현상
③ 타이어의 과마모로 노면에서 미끄러지는 현상
④ 하이드로플레닝 현상과 같다.

11 스탠딩웨이브 현상을 예방하는 방법은?

① 과속하지 않고 공기압을 높인다.
② 속도를 가속하고 공기압을 높인다.
③ 속도와 공기압을 높인다.
④ 타이어를 교환한다.

12 자동차 정지거리를 올바르게 나타낸 것은?

① 공주시간 동안 주행된 거리
② 제동시간 동안 주행된 거리
③ 공주거리와 제동거리를 합한 거리
④ 타이어가 미끌린 스키드마크 길이

13 자동차가 운행 중 위험을 느끼고 브레이크 작동을 시작하는 순간부터 완전히 정지할 때까지 운행한 거리는?

① 제동거리   ② 정지거리
③ 공주거리   ④ 제동시간

해 운전자가 브레이크에 발을 올려 브레이크가 막 작동을 시작하는 순간부터 자동차가 완전히 정지할 때까지의 시간을 제동시간이라 하고, 이때까지 자동차가 진행한 거리를 제동거리라고 한다.

14 다음 중 제동장치에 대한 설명으로 맞는 것은?

① 노면에서 전달진동을 흡수하는 역할이다.
② 자동차 주차시간을 사용하는 역할이다.
③ 주행차량의 감속·정지시키는 역할을 한다.
④ 자동차 진행방향을 바꾸는 역할을 한다.

해 제동장치는 주행할 때 감속 및 정지시키는 역할을 한다.

15 다음 중 자동차 제동장치라고 볼 수 없는 것은?

① 풋 브레이크   ② 주차 브레이크
③ ABS 브레이크   ④ 충격흡수시스템

해 ABS(Anti lock brake system) 브레이크는 1929년 영국보쉬에서 개발, 1950년도 항공기에 이용, 1972년부터 자동차에 이용. 2012년부터 우리나라에서 의무화되어 작동상태는 1분에 10번 정도 작동됨.

16 운행 중 급제동하면서 노면에 타이어가 끌린 자국인 스키드 마크는 타이어가 어떤 상태일 때 나타나는가?

① 타이어가 고정된 상태
② 타이어가 구르는 상태
③ 제동이 되지 않은 상태
④ 핸들 조작이 안된 상태

| 📖 정답 | 08 ③ 09 ③ 10 ① 11 ① 12 ③ 13 ① 14 ③ 15 ④ 16 ①

17 운행 중인 자동차가 제동될 때 관성에 의해 차체 앞부분이 앞으로 내려가는 현상을 무엇이라 하는가?

① 노즈다이브(Nose Dive) 현상
② 베이퍼 록(Vapour Lock) 현상
③ 스탠딩 웨이브(Standing Wave) 현상
④ 스키드 마크 자국

18 운행 중 타이어의 마모에 영향을 주지 않는 것은?

① 하중, 브레이크 작동
② 공기압, 노면 상태
③ 속도, 커브
④ 변속

19 자동차관리법 자동차안전기준에서 규정하고 있는 트레드 홈 깊이의 규정으로 올바른 것은?

① 1.6mm 이상   ② 2.4mm 이상
③ 3.2mm 이상   ④ 한계선의 의미가 없다.

20 자동차의 현가장치가 하는 역할이라고 볼 수 없는 것은?

① 적재물 무게 지탱   ② 노면의 충격 흡수
③ 유연한 승차감 확보   ④ 구동력을 노면에 전달

21 다음 중 자동차의 앞바퀴를 위에서 관찰하면 바퀴의 윗부분이 아래쪽보다 더 벌어져 있는데, 이 벌어진 바퀴 중심선과 수선 사이의 각을 무엇이라 하는가?

① 캠버   ② 토인
③ 킹핀각도   ④ 회전반경

해 앞바퀴를 위에서 볼 때 바깥쪽으로 경사지게 결합되어 있으며, 바퀴의 중심선과 노면에 대한 수직선이 이루는 각도를 캠버(camber)라 한다.

22 겨울철 주행 중 시동이 꺼지는 경우 점검조치방법이 아닌 것은?

① 연료탱크 내 이물질의 혼입 여부를 확인한다.
② 연료파이프 연결호스 부분을 확인한다.
③ 워터세퍼레이터 내 결빙을 확인한다.
④ 인젝션펌프의 에어빼기를 점검한다.

해 겨울철 주행 중 시동꺼짐의 점검 및 조치
① 점검방법
㉠ 연료파이프 및 호스연결 부분 에어유입 확인
㉡ 연료 차단 솔레로이드밸브 작동상태 확인
㉢ 워터세퍼레이터 내 결빙 확인
② 조치방법
㉠ 인젝션펌프 에어 빼기 작업
㉡ 워터세퍼레이트 수분 제거
㉢ 연료탱크 내 수분 제거

23 운전자로서 자동차의 점검방법 중 오감을 통한 점검에서 촉각으로 알 수 있는 것은?

① 흔들림, 느슨함, 발열 상태
② 배기 가스 상태
③ 타이어가 미끄러지는 상태
④ 엔진오일량 상태

24 농후한 혼합가스로 인해 배기가스 색이 검게 나타나는 불완전 연소의 원인이 아닌 것은?

① 에어클리너의 막힘   ② 연료장치의 고장
③ 브란자의 고장   ④ 피스톤 링의 마모

25 다음 중 자동차 등록증에 기재되어 있지 않은 것은?

① 배기량   ② 자동차 제작년도
③ 자동차 차대번호   ④ 안전밸트 장착 여부

| 📖 정답 | 17 ① 18 ④ 19 ① 20 ④ 21 ① 22 ① 23 ① 24 ④ 25 ④

제5장 LPG 자동차 안전관리

01 LPG 개요

LPG는 액화석유가스(Liquefied Petroleum Gas)로서 유전에서 원유를 채취하거나 원유 정제 시 나오는 탄화수소 가스를 비교적 낮은 압력(6~7kg/cm²)을 가하여 냉각 액화시킨 것으로 가정용, 업무용, 공업용, 운송용의 연료로 쓰인다. LPG는 취급에 따라 폭발할 가능성이 높은 가스로 원유를 정제할 때 제일 처음 나오는 물질로 주성분은 프로페인과 뷰테인이다. 프로페인은 가정용으로 사용하며 뷰테인은 자동차용으로 주로 쓰고 캔에 담겨 부루스타(블루스타)라 불리는 휴대용 가스레인지에 넣는 용도로 사용한다.

02 LPG 자동차 관리법규

(1) LPG 충전행위의 제한

LPG 자동차는 LPG 충전사업소에서 LPG를 충전 받아야 하며, LPG 자동차를 운전하는 자가 직접 충전하여서는 아니 된다. 다만, 자동차의 운행 중 연료가 떨어지거나 자동차의 수리를 위하여 연료의 충전이 필요한 다음 경우에는 그러하지 아니한다.

① 자동차의 운행 중 연료가 소진되어 내용적 1리터 미만의 용기로 검사를 받은 접속장치를 사용하여 충전하는 경우

② 자동차의 수리를 위하여 용기 안의 잔가스를 임시로 회수하고 수리가 끝난 다음 운행을 하기 위하여 회수한 가스를 재충전하는 경우(액화석유가스법 제29조 동 시행규칙 제41조)

(2) LPG 자동차의 안전사항

① LPG 봄베(연료탱크)는 고압가스 안전관리법 및 동력자원부 고시에 의해 31kg/cm²의 내압시험과 18.6kg/cm²의 기밀시험을 만족하도록 규정되어 있다.

② 과충전 방지밸브를 장착하여 연료 충전 시 봄베 내부의 뜨게를 이용하여 연료가 봄베 용적의 85% 정도 충전되면 연료가 차단되어 과충전을 방지한다. 또한 사고 시 연료라인이 파손되어 연료탱크 내의 가스가 외부로 토출되는 것을 방지하기 위해 과류방지밸브가 장착되어 있어 가스누출을 차단시켜 준다.

③ 연료탱크 내부의 압력이 상승(과충전 시나 온도 60℃ 이상)하여 24kg/cm² 이상이 되면 연료탱크 외부로

LPG를 배출시키는 역할을 하는 안선밸브를 상작하여 탱크 내부의 압력을 항상 일정하게 유지시켜 준다. 또한 긴급 차단밸브가 장착되어 연료공급 파이프가 파손되어 가스가 누출될 경우나 엔진이 꺼졌을 경우 밸브를 닫아 연료공급을 차단한다.

03 LPG의 특성

① LPG의 주성분은 부탄과 프로판 등으로 이루어져 있다.

② LPG는 압력을 가하거나, 냉각하면 기체가 액화로 되며, 반대로 압력을 낮추거나 온도를 높이면 기화되어 발화하기 쉬우므로 취급상 특별한 주의가 필요하다.

③ LPG는 기체상태로서 공기보다 무거워 누설 시 공기 중으로 확산되지 않고 바닥에 깔리게 되므로 통풍이 잘되게 하는 등 안전관리에 유의하여야 한다.

④ 상온(15℃) 하에서 프로판은 액화하면 1/260의 부피로 줄어들고, 부탄은 1/230의 부피로 줄어든다.

⑤ LPG는 무색무취이나 누설 시 감지할 수 있도록 착취제를 첨가한다. 그러나 분사제용(스프레이 등)으로 사용하는 부탄은 착취제를 첨가하지 않아 무색무취이다.

⑥ 프로판은 연소 시 25배 용량의 공기가, 부탄은 32배 용량의 공기가 필요함에 따라 밀폐된 공간에서 LPG를 장기간 연소시킬 때 산소 부족 현상이 일어날 수 있다.

04 LPG 연료의 장단점

(1) 장점

① 완전연소되며 발열량이 높다(옥탄가 높음).

② 균일하게 연소되어 엔진 수명이 길어진다.

③ 배기가스의 독성이 가솔린, 듸젤 보다 적다.

④ 가솔린, 듸젤자동차에 비해 공해가 적다.

⑤ 가솔린이나 경유에 비하여 가격이 저렴하여 경제적이다.

(2) 단점

① LPG 용기 탑재에 따른 장소가 필요하며 중량이 무겁다.

② 가스 누설로 차 내에 유입이 있을 수 있어 완전히 밀폐해야 한다.

③ 가스 누출 시 인화되기 쉽고 인화될 경우 폭발의 위험성이 있다.

④ 겨울철에 시동이 원활하지 않다.

05 LPG 자동차 구조

LPG 자동차 운전자가 관리를 잘못하거나 대형사고가 발생하게 되면 LPG의 누출로 인한 폭발사고 등 생명을 위협할 수 있는 상황이 발생되므로 평소에 가스 누출여부를 점검하고 안전수칙에 따라 LPG 자동차를 사용하고 운행해야 한다.

(1) LPG 용기밸브

① **압력안전장치**(안전밸브) : LPG 용기가 고온에 노출되어 내부 압력이 증가할 경우 용기의 손상을 방지하기 위해 용기 내부의 압력을 제거하는 장치

② **액체 출구밸브**(과류방지밸브) : 배관 연결부 등의 파손에 의해 연료가 과도하게 흐를 경우 밸브를 닫아 연료가 외부로 누출되는 것을 방지하는 장치

　ㄱ. 액체의 유량이 적절한 경우 : 스프링에 의해 차단용 디스크와 노즐이 떨어져 있음

　ㄴ. 연료가 급하게 유출될 경우 : 스프링의 탄력보다 연료가 디스크를 누르는 힘이 커져 디스크가 노블을 막아 연료 가스의 과다 누출을 방지

③ **과충전방지장치** : 연료 충전 시 연료가 봄베 용적의 85% 정도로 충전되었을 때 연료 유입을 차단하는 장치

(2) LPG 용기밸브 색상

① 충전밸브(녹색)

② 액체 출구밸브(적색)

③ 기체 출구밸브(황색)

(3) LPG 자동차의 작동

LPG를 연료로 하는 LPG 자동차는 엔진의 수명이 길고 오일교환이 적은 특징을 가지고 있으며 가솔린 휘발유 자동차와 같은 엔진방식이며 고압용기에 저장된 LPG가 연료 필터→솔레노이드 밸브→연료파이프→기화기로 들어가는 순서로서 엔진 연소실에서 흡입→압축→폭발→배기 순으로 4행정 작동된다.

06 LPG 안전관리 요령

고압가스를 연료탱크(대기압의 5배 이상) 안에 액체로 저장하는 LPG는 아주 작은 틈새라도 쉽게 가스가 누출될 수 있으므로 수시로 가스 누출 여부를 점검해야 한다. 가스가 누출 점검 방식은 자동차 시동을 건 후 베이퍼라이저 주변과 파이프의 연결부위에 비누칠을 하여 거품이 일어나는지로 확인하고 거품이 발생한다면 즉시 LPG 스위치와 밸브를 잠그고 119에 신고와 더불어 가스 관련 업체에 신고토록 해야 한다.

(1) LPG 자동차 취급 시 주의사항

LPG 자동차의 특성상 베이퍼라이저 내부의 LPG에 포함된 부탄이 기체로 변화는 과정에서 타르가 쌓일 수 있으므로 한 달에 1회 정도 드레인코크를 열어 타르를 배출해 주도록 한다.

또한, 차량의 LPG 충전 시 85% 이상 충전할 경우 외부온도와 압력과 체적이 달라져 안전사고가 발생할 수 있으므로 충전 시 85% 이하로 충전하도록 한다.

특히 봄·여름에는 차량 내부 온도가 급격히 상승하여 가스가 팽창하는 등 위험이 발생할 수 있으므로 충전 중에는 LPG 스위치를 누른 후 충전이 끝나면 시동을 다시 켜도록 한다.

(2) LPG 차량의 시동

LPG는 연료 특성상 대기온도가 떨어지면 증기압이 낮아지고 연료의 활성화가 저하되어 정상이던 LPG 차량이 시동이 불량할 수 있는데 이는 연료에 프로판 함유량이 적어 발생하는 것이다.

따라서 겨울철에 추운 지방으로 차량을 이동할 경우 지역별로 프로판 비율이 다를 수 있으므로 프로판 함유량이 충분한 LPG 충전소에서 연료를 충전하는 것이 시동에 유리하다.

(3) LPG 엔진의 시동방법

① LPG 스위치를 누른다.

② 외기온도에 따라 초크 손잡이를 적당히 당긴다.

③ 클러치 페달을 밟고(수동변속기의 경우) 시동을 건다.

④ 시동이 걸리면 기체, 액체 전환램프가 꺼질 때까지 기다렸다가 출발한다(엔진의 온도가 상승한 후 반드시 초크 손잡이를 원위치로 밀어 넣고 주행한다).

⑤ 주행 중에는 내부에서 LPG 가스 냄새가 나지 않는지 항상 유의해야 하며, 장기주차하거나 여름철 운행 시 가속이 잘되지 않을 경우 난기운전(워밍업)을 한다.

(4) 시동을 끄는 방법

① 약간의 공회전을 유지한다.

② LPG 스위치를 눌러 가스순환을 멈추어 시동이 스스로 꺼질 때까지 기다린다.

③ 특히 기온이 영하로 내려가는 겨울철에는 바로 시동을 끄면 남아있는 가스가 얼어 다음 운행 시 불편한 경우가 생길 수 있으므로 LPG 버튼을 누른 후 시동이 꺼질 때까지 기다린다.

④ 시동(점화) 키를 뺀다.

(5) LPG 충전방법

① LPG 충전 시는 반드시 시동을 끄고 충전한다.

② 출구밸브 핸들(적색)을 잠근 후, 충전밸브 핸들(녹색)을 연다.

③ LPG 충전 뚜껑을 열어, 퀵커플러를 통해 LPG를 충전시킨다.

④ 충전이 끝난 다음 LPG 충전 뚜껑을 닫는다.

⑤ 충전 밸브 핸들을 잠근 후, 출구 밸브 핸들을 연다.

⑥ LPG 용기는 법률에 의해 용기의 85%만 충전가능하도록 설계되어 있어 85%를 넘지 않도록 한다.

07 LPG 자동차의 사고 발생(화재) 시 대처법

① 사고가 발생하면 즉시 LPG 스위치를 끄고 탑승자를 대피시켜야 한다.

② 연료 충전밸브(녹색)와 기출밸브(황색) 및 액출밸브(적색)을 잠근다.

③ 경찰과 소방서 및 회사, 보험회사에 신고한다.

④ **차량 운전 시 가스 누출된 경우**: 엔진정지 → LPG 스위치 끈다 → 연료 출구밸브 잠금 → 정비 조치

08 LPG 자동차 점검과 관리 요령

(1) LPG 누출점검

① 용기의 충전밸브(녹색)는 잠겨있는지 점검하고 LPG 용기가 트렁크 내에 있는 잭, 부속공구, 예비타이어 등과 접촉하여 손상이 되지 않도록 단단하게 고정되어 있는지 점검한다.

② LPG는 본래 무색, 무취이나 극소량의 부취제를 첨가하여 LPG 특유의 냄새가 나므로 항상 냄새에 유의한다.

③ 비눗물을 사용 각 연결부로부터 누출이 있는가를 점검하고 만일, 누출이 있다면 LPG 누설 방지용 씰테이프를 감아준다.

④ LPG 누출 여부는 비눗물을 이용하여 점검하고 이상이 있으면 즉시 정비업소에서 조치를 받도록 한다.

⑤ 연결부를 너무 과도하게 체결하면 나사부가 파손되므로 주의한다. 또한 누출을 확인할 때에는 반드시 엔진 점화스위치를 'on' 위치 시킨다.

(2) 주행 중 준수사항

① 주행 중에는 연료 전환스위치 또는 LPG 스위치에 손을 대지 않는다(LPG 스위치가 꺼졌을 경우, 엔진이 정지되어 안전운전에 지장을 초래할 우려가 있기 때문이다).

② LPG 용기의 구조 특성상 급가속, 급제동, 급선회 시 및 경사길을 계속 주행할 경우 연료장치 경고등이 점등될 수 있으나 이상 현상은 아니다.

③ 평탄길 주행상태에서 계속 연료장치 경고등이 점등되면 바로 연료를 충전하도록 한다.

(3) 장기간 주차 시 준수사항

① LPG 용기에 있는 연료 출구밸브 2개(적색, 황색)를 시계방향으로 돌려 잠근다.

② 지하 주차장 및 밀폐된 장소는 통풍이 잘되지 않아 가스가 잘빠져 나가지 않으므로 인화성 물질에 의해 화재가 발생할 수 있으므로 장시간 주차할 경우에는 충전밸브 및 2개의 출구밸브를 반드시 잠그고 가능한 지하주차장과 밀폐된 장소는 피하도록 한다.

09 가스누출 시의 응급조치요령

먼저 엔진을 정지하고, LPG 스위치를 끈 후, 트렁크 안에 있는 용기의 연료 출구밸브(적색, 황색) 2개를 잠그고, 필요한 정비를 의뢰한다.

(1) 교통사고가 발생된 경우

LPG 스위치를 끈 후, 엔진을 정지하고, 승객을 대피시키며, LPG 용기의 출구 밸브를 잠근 후, 누출 부위에 불이 붙었을 경우, 재빨리 소화기로 진화한다.

응급조치가 불가능할 경우에는 부근의 화기를 제거하고 경찰서, 소방서 등에 신고토록 하고 차량에서 떨어져 주변차량의 접근을 통제하도록 한다.

(2) 화기 주의

취급 부주의로 인한 LPG 누출이 있더라도 화기가 없으면 화재발생이 안 되므로 화기(난로, 모닥불, 담뱃불, 전깃불 등) 옆에서 LPG 용기 및 배관등을 점검, 분해수리를 해서는 안 된다.

① 누출부위를 손으로 막지 말아야 합니다(동상에 걸릴 위험이 있다).

② LPG 용기의 수리는 절대로 해서는 안 되고 교환을 원칙으로 한다.

③ 누출이 확인되면, LPG 용기의 연료 출구밸브를 잠그고 정비를 의뢰한다.

④ 정비를 해야 할 경우에는 LPG 차량 정비업 등록이 된 지정 정비공장을 이용해야 하며, 구조변경을 할 경우는 허가업소에서 새 부품을 사용해야 한다.

10 운전자 준수사항

① LPG 자동차의 운전자는 일반적인 유지보수 방법, 가스누출 점검방법, 타르 제거방법, 가스누출 시 조치방법, 각종 밸브의 종류 및 기능에 대하여 충분히 숙지토록 한다.

② 과류방지 밸브의 원활한 작동을 위하여 액체 연료밸브를 완전히 개방한 상태로 운행하고, 환기구가 밀폐되지 않은 상태가 되도록 하고, 충전 중에는 반드시 엔진을 정지시킨다.

③ 트렁크나 밀폐된 차량 내에서 가스냄새가 나는지 확인한다.

④ 트렁크 안에 휘발성·폭발성 물질은 절대 두지 않는다.

⑤ 연료 충전 후에는 반드시 먼지막 이용캡을 씌우고 충전 밸브를 잠근다.

⑥ 차량을 장기간 운행하지 않을 경우에는 모든 용기밸브를 잠그고 엔진을 가동하여 배관 내 가스를 모두 소진하는 것이 바람직하다.

⑦ LPG 자동차의 취급설명서를 통한 취급요령을 숙지하도록 한다.

11 LPG 차량의 겨울철 관리요령

(1) 주차요령

가급적 환기가 잘되는 건물 내 또는 옥내 및 지하주차장에 주차하는 것이 바람직하며 옥외주차 시에는 엔진룸의 위치가 건물 벽을 향해 주차해 두는 것이 좋다. 그늘지지 않는 곳에 주차해 두면 태양열에 의해 시동에 도움이 된다.

(2) 겨울철 시동요령

① LPG 연료의 특성상 겨울철에는 시동이 지연될 수 있으므로 크래킹은 1회에 약 10초씩 시동한다. 계속 크래킹을 하게 되면 배터리가 방전될 수 있다.

② 시동이 안 걸릴 경우, LPG 봄베, 연료배관, 베이퍼라이저 등에 온도를 높여 주면 연료공급이 원활해져 시동이 원활해진다.

③ 온도를 높이는 방법으로는 더운물에 적신 수건 등을 이용한다.

기출문제와 예상문제(30문제)

01 액화석유가스를 나타내는 영문 약자 표현은?

① PNG
② LNG
③ LPG
④ GPS

> **해** LPG는 액화석유가스(Liquefied Petroleum Gas)의 영문 약자이다.

02 LPG의 주성분을 올바르게 나타낸 것은?

① 프로판, 부탄
② 프레온, 부탄
③ 프로판
④ 메탄

03 LPG 자동차의 장점이 아닌 것은?

① 배기가스의 유해가 가솔린 자동차 보다 적다.
② 연료비의 절감으로 경제적이다.
③ 완전연소로 발열량이 높다.
④ 연료의 옥탄가가 낮다.

04 다음 중 LPG 차량의 단점이라고 볼 수 없는 것은?

① LPG 충전소가 많지 않다.
② 시동이 원활하다.
③ 폭발 위험성이 있다.
④ 겨울철 시동이 어렵다.

05 LPG 차량의 용기는 무슨 색으로 도장되어 있는가?

① 청색
② 검정색
③ 회색
④ 적색

06 LPG의 위험성에 관한 설명으로 옳지 않은 것은?

① LPG는 정전기에 의해서도 화재 또는 폭발할 수 있다.
② LPG는 공기와 혼합하여 낮은 농도(1.8~9.5%)에서도 화재·폭발할 수 있다.
③ LPG가 대기 중에 누출되어 기체가 되면 부피가 250배 정도 감소된다.
④ LPG가 누출되면 공기보다 무거워 밸브를 잠그고 방석 등으로 환기하는 방법이 효과적이다.

07 LPG의 특성을 설명한 것 중 잘못된 것은?

① LPG는 고압가스로서 고압용기 내에 항상 대기압 5~6배 정도되는 압력이 가해져 액체상태로 되어 었다.
② 높은 압력에서 작용하여 밸브를 열면 액체가 강하게 방출되어 작은 틈이라도 가스가 샐 위험이 있다.
③ 기화된 LPG는 공기보다 가벼워 대기 중으로 날아간다.
④ 기화된 LPG는 인화되기 쉽고 인화될 경우 폭발한다.

08 LPG 자동차 용기밸브에 장착된 기능에 해당하지 않는 것은?

① 과류방지기능
② 압력안전장치
③ 액면표시기능
④ 과충전방지기능

09 LPG 자동차 용기 밸브의 핸들 색상을 맞게 연결되어 있는 것은?

① 충전밸브 – 황색, 출구밸브 – 적색
② 충전밸브 – 황색, 출구밸브 – 녹색
③ 충전밸브 – 적색, 출구밸브 – 황색
④ 충전밸브 – 녹색, 출구밸브 – 적색

| 📖 정답 | 01 ③ 02 ① 03 ④ 04 ② 05 ③ 06 ③ 07 ③ 08 ③ 09 ④

10 LPG 차량 사고 시 연료의 공급을 차단하는 장치는?

① 액체출구 밸브　　② 충전 밸브

③ 기체출구 밸브　　④ 전자 밸브(솔레노이드 밸브)

11 LPG의 과충전을 막아주는 장치로 맞는 것은?

① 압력안전장치　　② 긴급차단장치

③ 액체출구밸브　　④ 과충전방지장치

12 LPG 충전은 몇 %까지만 해야 하나?

① 50%　　　　② 80%

③ 85%　　　　④ 100%

13 다음 중 LPG 충전방법으로 틀린 것은?

① 퀵커플러를 통해 LPG를 충전한다.

② LPG 용기의 충전은 85%를 넘지 않도록 한다.

③ 출구밸브핸들과 충전밸브핸들을 열어준다.

④ LPG를 충전할 때에는 반드시 시동을 끈다.

14 LPG 충전 시 안전수칙에 해당되지 않는 것은?

① 엔진정지　　② 제동확인

③ 화기엄금　　④ 비상등 작동

15 가솔린 엔진의 카뷰레터와 동일한 역할을 하는 LPG 차량의 장치는?

① LPG 봄베　　② 베이퍼라이저

③ 솔레노이드 밸브　　④ 드레인 코크

16 LPG 충전방법에 대한 설명으로 옳은 것은?

① 출구밸브 핸들(녹색)을 잠근 후 충전밸브 핸들(적색)을 연다.

② 출구밸브 핸들(적색)을 연 후 충전밸브 핸들(녹색)을 잠근다.

③ 출구밸브 핸들(녹색)을 연 후 충전밸브 핸들(적색)을 잠근다.

④ 출구밸브 핸들(적색)을 잠근 후 충전밸브 핸들(녹색)을 연다.

17 LPG 차량 운전자가 지켜야 할 사항이 아닌 것은?

① 액체출구밸브(적색)는 완전히 개방한 상태로 운행하여야 한다.

② 환기구가 밀폐되지 않은 상태에서 운행하여야 한다.

③ 가스충전밸브(녹색)는 충전에 대비하여 항상 개방한 상태에서 운행하여야 한다.

④ LPG 충전 후에는 가스주입구의 분리여부를 확인하고 운행을 시작하여야 한다.

18 LPG 자동차 엔진시동 전 점검사항이 아닌 것은?

① 연료누출이 확인되면 엔진 점화스위치를 OFF에 위치시킨다.

② 연료 출구밸브를 완전히 열어둔다.

③ 비눗물을 이용하여 각 연결부에서 LPG 누출이 있는지 확인한다.

④ 연료누출이 있는 연결부는 가스 누설방지용 씰테이프로 감아준다.

| 📖 정답 | 10 ④　11 ④　12 ③　13 ③　14 ④　15 ②　16 ④　17 ③　18 ②

19 LPG 자동차를 시동할 때 점검사항이 아닌 것은?

① 연료출구밸브는 완전히 열어둔다.

② 연료누출 시는 LPG 누설방지용 씰테이프를 감아준다.

③ 비눗물로 각 연결부에서 LPG 누출이 있는지 확인한다.

④ 자동차변속기 차량은 'P'의 위치에서 가속페달을 밟고 시동을 건다.

20 LP가스 누출 시 주의사항으로 잘못된 것은?

① 배관에서 가스가 누출될 경우 즉시 밸브를 잠그고 환기를 시킨 후 누출 부위의 수리를 의뢰한다.

② 용기의 안전밸브에서 가스가 누출될 경우 용기에 물을 뿌려 냉각시킨다.

③ LPG가 공기보다 가벼워 날아가므로 특별히 주의할 필요는 없다.

④ 가스누출 부위를 수리한 후 누출여부를 확인한 후 운행한다.

21 LPG 자동차의 가스누출 시 대처순서로 올바른 것은?

① 연료출구밸브 잠금 → 필요한 정비 → 엔진 정지 → LPG 스위치 잠금

② 필요한 정비 → 엔진 정지 → LPG 스위치 잠금 → 연료출구밸브 잠금

③ 엔진 정지 → LPG 스위치 잠금 → 연료출구밸브 잠금→ 필요한 정비

④ LPG 스위치 잠금 → 필요한 정비 → 연료출구밸브 잠금 → 엔진 정지

22 LPG 누출 시 조치방법으로 올바르지 않은 것은?

① 승객을 즉시 하차시킨다.

② LPG 탱크의 충전밸브를 잠근다.

③ 주변의 화기를 없애고 경찰서나 소방서에 긴급연락한다.

④ 즉시 차량을 정지시키고 엔진을 끈다.

23 다음 중 LPG 용기의 연료누출 점검방법이 아닌 것은?

① LPG 용기가 단단히 고정되어 있는지 확인한다.

② LPG 용기에서 특유의 가스냄새가 나지 않는지 체크한다.

③ 용기의 충전밸브(녹색)는 LPG 충전 시를 제외하고 열려 있는지 확인한다.

④ 용기가 트렁크 내에 있는 물품 등과 접촉하여 손상되지 않았는지 확인한다.

24 LP가스 차량에서 가스가 누출되는 것을 발견한 경우 조치사항으로 맞는 것은?

① 경험 많은 동료에게 전화하여 조치방법을 물어 본다.

② 엔진을 정지하고 LPG 스위치를 끈 후 용기의 연료출구밸브를 잠근 후 정비를 의뢰한다.

③ LP가스는 공기보다 가벼워 누출되면 환기에 주의할 필요성이 없다.

④ 차량을 환기가 잘 되고 주변에 화기가 없는 장소로 이동시킨다.

| 📖 정답 | 19 ④ 20 ③ 21 ③ 22 ② 23 ③ 24 ②

25 LPG 누출을 점검하는 방법으로 옳시 않는 것은?

① 누출을 확인할 때에는 반드시 엔진점화스위치를 ON에 위치시켜야 한다.

② 트렁크나 밀폐된 차량 내에서 가스냄새가 나는지 확인한다.

③ 연식이 오래된 차량이나 주행거리가 많은 차량은 타르에 의한 역화현상이 발생할 가능성이 있다.

④ 야간에는 라이터로 조명하여 누출을 확인한다.

26 LPG 차량의 시동을 끌 때 LPG 스위치를 먼저 끄는 방법으로 알맞은 것은?

① 공회전 상태에서 먼저 LPG 스위치를 끈 다음 엔진이 꺼지면 시동 스위치를 끈다.

② 공회전 상태에서 먼저 시동 스위치를 끈 다음 엔진이 꺼지면 LPG 스위치를 끈다.

③ 공회전 상태에서 먼저 LPG 스위치를 끈 다음 곧바로 시동 스위치를 끈다.

④ 공회전 상태에서 먼저 시동 스위치를 끈 다음 곧바로 LPG 스위치를 끈다.

27 LPG 차량에 대한 설명으로 올바른 것은?

① 가스충전밸브(녹색)는 충전 시에 대비하여 항상 개방된 상태로 운행한다.

② 가스를 충전하기 전에는 이물질이 들어가지 않도록 충전구를 물로 청소한다.

③ 적색의 액체 출구밸브는 연료절약을 위하여 조금만 열고 운행한다.

④ 액체 출구밸브(적색)는 완전히 개방한 상태로 운행하여야 한다.

28 LPG 차량의 운전 중 주의사항이 아닌 것은?

① 충전이 끝나면 밸브의 닫힌 상태를 반드시 확인한다.

② 라이터 또는 성냥 같은 화기의 사용을 엄금한다.

③ 항상 차 내부에 스며드는 LPG 냄새에 주의한다.

④ 충전할 때는 엔진의 시동 상태를 유지한다.

29 겨울철 LPG 차량의 시동이 잘 안될 경우 뜨거운 물을 이용해 온도를 높여 주면 효과적이나 이를 해서는 안 되는 곳은?

① 연료라인　　　② LPG 봄베

③ 베이퍼라이저　　④ 믹서

30 베이퍼라이저에 있는 배출콕을 열어 타르 및 이물질을 배출시켜야 하는 바람직한 주기는?

① 6개월에 1회　　② 1개월에 1회

③ 3개월에 2회　　④ 1년에 1회

❘ 📖 **정답** ❘　**25** ④　**26** ①　**27** ④　**28** ④　**29** ④　**30** ②

Chapter 04

운송 서비스

제1장 고객 서비스(customer service)

고객 만족 수준을 강화시키는 일련의 활동과 고객만족을 높이기 위한 일련의 무형적 활동을 서비스라 한다.

01 여객운송업의 서비스 개념

한 당사자가 다른 당사자에게 소유권의 변동 없이 제공해 줄 수 있는 행위 또는 활동을 말한다.

02 운송서비스의 의미

긍정적인 마음을 적절하게 표현하여 승객을 즐겁게 목적지까지 안전하게 이동시키는 것이다.

① 서비스란 승객의 이익을 도모하기 위해 활동하는 정신적, 육체적 노동이다.

② 여객운송서비스는 하나의 상품으로 승객만족을 위해 계속적으로 승객에게 제공하는 모든 활동을 의미한다.

③ 여객운송서비스는 택시를 이용하여 승객을 출발지에서 최종 목적지까지 이동시키는 상업적 행위를 말하며, 택시를 이용하여 승객을 대상으로 승객이 원하는 구간이동 서비스를 제공하는 그 자체를 의미한다.

03 서비스 제공을 위한 요소

① 단정한 용모 및 복장
② 밝은 표정
③ 공손한 인사
④ 친근한 말
⑤ 따뜻한 응대

제2장 고객만족

고객만족이란 고객이 무엇을 원하고 있으며 무엇이 불만인지 알아내어 고객의 기대에 부응하는 좋은 양질의 서비스를 제공함으로써 고객으로 하여금 만족감을 느끼게 하는 것이다.

01 친절의 중요성

① 승객을 상대하고 승객을 만족시켜야 할 사람은 승객과 직접접촉하는 바로 운전자이다.

② 100명의 운수종사자 중 99명의 운수종사자가 바람직한 서비스를 제공했다 하더라도 단 한 명의 승객이 불만족스러웠다면 그 한 명의 승객을 통하여 회사 전체가 평가받게 된다.

02 고객의 욕구

① 환영받고 싶어 한다.

② 관심을 가져주기를 바란다.

③ 중요한 사람으로 인식되기를 바란다.

④ 존경받고 싶어 한다.

⑤ 기대와 욕구를 수용하여 주기를 바란다.

제3장

서비스 예절

01 기본 예절

① 상대방을 알아준다.

② 약간의 어려움을 감수하는 것은 좋은 인간관계 유지를 위한 투자이다.

③ 상스러운 말을 하지 않는다.

④ 상대에게 관심을 갖는 것은 상대로 하여금 내게 호감을 갖게 한다.

⑤ 상대방의 입장을 이해하고 존중한다.

⑥ 상대방의 여건, 능력, 개인차를 인정하여 배려한다.

⑦ 상대의 결점을 지적할 때에는 진지한 충고와 격려로 한다.

⑧ 진실한 마음으로 고객을 대한다.

⑨ 성실성으로 상대는 신뢰를 갖는다.

02 고객만족 행동예절

(1) 인사

인사는 서비스의 첫 동작이요 마지막 동작이다. 인사는 서로 만나거나 헤어질 때 말·태도 등으로 존경, 사랑, 우정을 표현하는 행동양식이다.

1) 인사의 중요성

① 인사는 애사심, 존경심, 우애, 자신의 교양과 인격의 표현이다.

② 인사는 서비스의 주요 기법이다.

③ 인사는 고객과 만나는 첫걸음이다.

④ 인사는 고객에 대한 마음가짐의 표현이다.

⑤ 인사는 고객에 대한 서비스 정신의 표시이다.

2) 인사의 마음가짐

① 정성과 감사의 마음으로

② 예절바르고 정중하게

③ 밝고 상냥한 미소로

④ 경쾌하고 겸손한 인사말과 함께

(2) 올바른 인사방법

목례	보통례	정중례
친한 사람, 협소한 장소, 화장실, 복도에서 사용하는 인사	일반적인 인사, 만나고 헤어질 때의 보통인사	사과, 감사를 표할 때의 정중한 인사
15°	30°	45°

(3) 호감 받는 표정관리

1) 표정의 중요성

① 표정은 첫인상을 크게 좌우한다.

② 첫인상은 대면 직후 결정되는 경우가 많다.

③ 첫인상이 좋아야 한다.

④ 밝은 표정은 좋은 인간관계의 기본이다.

⑤ 밝은 표정과 미소는 자신을 위하는 것이라 생각한다.

2) 시선 : 자연스럽고 부드러운 시선으로 상대를 본다.

(4) 언어예절

① 불평불만을 함부로 떠들지 않는다.

② 독선적, 독단적, 경솔한 언행을 삼가한다.

③ 욕설, 독설, 험담을 삼가한다.

④ 매사 침묵으로 일관하지 않는다.

⑤ 불가피한 경우를 제외하고 논쟁을 피한다.

⑥ 쉽게 흥분하거나 감정에 치우치지 않는다.

⑦ 매사 함부로 단정하지 않고 말한다.

⑧ 일부분을 보고 전체를 속단하여 말하지 않는다.

⑨ 도전적 언사는 가급적 자제한다.

⑩ 고객이 이야기하는 도중에 분별없이 차단하지 않는다.

⑪ 엉뚱한 곳을 보고 말을 듣고 말하지 않는다.

03 삼가야 할 운전행동

① 욕설이나 경쟁 운전행위

② 도로상에 차량을 세워 둔 채로 시비, 다툼 등의 행위를 하여 다른 차량의 통행을 방해하는 행위

③ 음악이나 경음기 소리를 크게 하여 다른 운전자를 놀라게 하거나 불안하게 하는 행위

④ 신호등이 바뀌기 전에 빨리 출발하라고 전조등을 켰다 껐다 하거나 경음기로 재촉하는 행위

⑤ 교통 경찰관의 단속 행위에 불응하고 항의하는 행위

⑥ 방향지시등을 켜지 않고 갑자기 끼어들거나, 버스 전용차로를 무단 통행하거나 갓길로 주행하는 행위

04 운전자 준수사항

(1) 운수종사자는 다음에 해당하는 행위를 하여서는 아니 된다.

① 정당한 사유 없이 여객의 승차를 거부하거나 여객을 중도에서 내리게 하는 행위

② 부당한 운임 또는 요금을 받는 행위

③ 일정한 장소에 오랜 시간 정차하여 여객을 유치하는 행위

④ 문을 완전히 닫지 아니한 상태에서 자동차를 출발시키거나 운행하는 행위

⑤ 여객자동차운송사업용 자동차 안에서 흡연하는 행위

⑥ 휴식시간을 준수하지 아니하고 운행하는 행위

⑦ 택시요금미터를 임의로 조작 또는 훼손하는 행위

⑧ 그 밖의 안전운행과 여객의 편의를 위하여 운수종사자가 지키도록 국토교통부령으로 정하는 사항을 위반
하는 행위

(2) 운수종사자는 운송수입금의 전액에 대하여 다음 각 호의 사항을 준수하여야 한다.

① 1일 근무시간 동안 택시요금미터에 기록된 운송수입금의 전액을 운수종사자의 근무 종료 당일 운송사업자에게 납부할 것

② 일정금액의 운송수입금 기준액을 정하여 납부하지 않을 것

(3) 운수종사자는 차량의 출발 전에 여객이 좌석안전띠를 착용하도록 안내하여야 한다.

05 운수종사자의 안전운행

① 여객의 안전과 사고 예방을 위하여 운행 전 사업용 자동차의 안전설비 및 등화장치 등의 이상 유무를 확인해야 한다.

② 질병·피로·음주나 그 밖의 사유로 안전한 운전을 할 수 없을 때에는 그 사정을 해당 운송사업자에게 알려야 한다.

③ 자동차의 운행 중 중대한 고장을 발견하거나 사고가 발생할 우려가 있다고 인정될 때에는 즉시 운행을 중지하고 적절한 조치를 해야 한다.

④ 운전업무 중 해당 도로에 이상이 있었던 경우에는 운전업무를 마치고 교대할 때에 다음 운전자에게 알려야 한다.

⑤ 여객이 다음 행위를 할 때에는 안전운행과 다른 승객의 편의를 위하여 이를 제지하고 필요한 사항을 안내해야 한다.

ㄱ. 위해를 끼칠 우려가 있는 폭발성 물질, 인화성 물질 등의 위험물을 자동차 안으로 가지고 들어오는 행위

ㄴ. 끼치거나 불쾌감을 줄 우려가 있는 동물(장애인 보조견 및 전용 운반상자에 넣은 애완동물은 제외)을 자동차 안으로 데리고 들어오는 행위

ㄷ. 자동차의 출입구 또는 통로를 막을 우려가 있는 물품을 자동차 안으로 가지고 들어오는 행위

⑥ 관계 공무원으로부터 운전면허증, 신분증 또는 자격증의 제시 요구를 받으면 즉시 이에 따라야 한다.

⑦ 여객자동차 운송사업에 사용되는 자동차 안에서 담배를 피워서는 안 된다.

⑧ 사고로 인하여 사상자가 발생하거나 사업을 자동차의 운송을 중단할 때에는 사고의 상황에 따라 적절한 조치를 취해야 한다.

⑨ 영수증 발급기 및 신용카드 결제기를 설치해야 하는 택시의 경우 승객이 요구하면 영수증 발급 또는 신용 카드 결제에 응해야 한다.

⑩ 관할관청이 필요하다고 인정하여 복장 및 모자를 지정할 경우에는 그 지정된 복장과 모자를 착용하고, 용모를 항상 단정하게 해야 한다.

⑪ 택시운송사업의 운수종사자(구간운임제 시행 지역의 운수종사자는 제외)는 승객이 탑승하고 있는 동안에는 미터기를 사용하여 운행해야 한다.

⑫ 그 밖에 규칙에 따라 운송사업자가 지시하는 사항을 이행해야 한다.

06 운송종사자의 자세

① 다른 자동차가 끼어들더라도 안전거리를 확보하는 여유를 가진다.

② 운전이 미숙한 자동차의 뒤를 따를 경우 서두르거나 선행자동차의 운전자를 당황하게 하지 말고 여유 있는 자세로 운행한다.

③ 일반 운전자는 화물차의 뒤를 따라가는 것을 싫어하고, 틈만 있으면 화물차의 앞으로 추월하려는 마음이 강하기 때문에 적당한 장소에서 후속자동차에게 진로를 양보하는 미덕을 갖는다.

④ 직업운전자는 다른 차가 끼어들거나 운전이 서툴러도 상대에게 화를 내거나 보복하지 말아야 하며, 고객을 소중히 여기고, 친절하고 예의 바른 서비스를 하여 고객과 불필요한 마찰을 일으키지 않는다.

⑤ 자동차에 대한 점검 및 정비를 철저히 하여 자동차를 항상 최상의 상태로 유지한다.

⑥ 안전운행이나 고객의 서비스에 있어서 운전자의 건강이 중요하므로 자신의 건강을 항상 가장 좋은 상태로 유지하도록 건강관리를 한다.

07 용모, 복장

(1) 고객에게 불쾌감을 주는 몸가짐

① 충혈된 눈

② 잠잔 흔적이 남은 머릿결

③ 정리되지 않은 덥수룩한 수염

④ 길게 자란 코털

⑤ 지저분한 손톱

⑥ 무표정 등

(2) 단정한 용모·복장의 중요성

① 첫인상

② 고객과의 신뢰 형성

③ 활기찬 직장 분위기 조성

④ 일의 성과

⑤ 기분전환 등

08 신상변동 등의 보고

① 결근, 지각, 조퇴가 필요하거나 운전면허증 기재사항 변경, 질병 등 신상변동시 회사에 즉시 보고

② 운전면허 일시정지, 취소 등의 면허행정 처분시 즉시 회사에 보고하여야 하며 어떠한 경우라도 운전금지

제4장

교통사고 발생 시 조치

교통사고가 발생했을 때 운전자는 무엇보다도 사고피해를 최소화하는 것과 제2차 사고 방지를 위한 조치를 우선적으로 취해야 하며 다음과 같이 행동을 해야 한다.

01 운전자 행동

① **탈출**: 교통사고 발생 시 차량정지와 엔진을 멈추고 화재 염려가 있을 경우 안전하고 신속하게 자동차로부터 탈출한다.

② **인명구조**: 부상자가 발생하여 인명구조를 해야 될 경우 다음과 같은 점에 유의한다.

ㄱ. 승객이나 동승자가 있는 경우 적절한 유도로 승객의 혼란방지에 노력한다.

ㄴ. 인명구출 시 부상자는 노인, 어린아이 및 부녀자 등 노약자를 우선적으로 구조한다.

ㄷ. 정차위치가 차선, 노견 등과 같이 위험한 장소일 때에는 신속히 도로 밖의 안전장소로 유도하고 2차 피해가 일어나지 않도록 한다.

ㄹ. 부상자가 있을 때에는 우선 응급조치를 한다.

ㅁ. 야간에는 주변의 안전에 특히 주의하고 기민하게 구출유도를 한다.

③ **후방방호**: 비상등을 켜고 차의 후방에 경고반사판을 설치하도록 한다.

④ **연락**: 112, 119 및 회사에 긴급연락한다.

02 교통사고 신고

교통사고를 발생시켰을 때에는 현장에서의 인명구호, 관할경찰서에 신고 등의 의무를 성실히 수행하고 다음과 같이 처리한다.

① 어떠한 사고라도 임의처리는 불가하며 사고발생 경위를 육하원칙에 의거해 거짓 없이 정확하게 회사에 즉시 보고한다.

② 사고로 인한 행정, 형사처분(처벌) 접수 시 임의처리 불가하며 회사의 지시에 따라 처리한다.

③ 형사합의 등과 같이 운전자 개인의 자격으로 합의 보상 이외 회사의 어떠한 경우라도 회사손실과 직결되는 보상업무는 일반적으로 수행해서는 안 된다.

④ 회사소속 차량 사고를 유·무선으로 통보받거나 발견 즉시 최인근 점소에 기착 또는 유·무선으로 육하원칙에 의거 즉시 보고한다.

제5장 | 차량고장 시 조치

(1) 운행 중 차량의 고장이 발생할 경우 다음과 같은 조치를 취해야 한다.

① 비상등을 점멸시키면서 갓길에 차를 정차한다.

② 차에서 내릴 때에는 옆 차로의 차량 주행상황을 살핀 후 내린다.

③ 차의 후방차량이 고장 차량을 즉시 알 수 있도록 표시 또는 눈에 띄게 한다.

④ 회사와 보험회사에 연락한다.

(2) 후방에 대한 안전조치

대기 장소에서 후방차량이나 통과차량의 접근에 따라 접촉이나 추돌이 생기지 않도록 안전조치를 취해야 한다.

① 자동차의 운전자는 고장이나 그 밖의 사유로 고속도로 등에서 자동차를 운행할 수 없게 되었을 때에는 다음과 같이 조치한다.

ㄱ. 고장차를 도로의 우측가장자리로 이동조치한다. 고장차의 뒤쪽 100m 이상의 지점에 고장차량 표지를 설치한다.

ㄴ. 밤에는 사방 500m 지점에서 식별할 수 있는 적색 섬광신호, 전기제등 또는 불꽃신호를 고장차의 200m 이상 뒤쪽 도로상에 설치한다.

② 자동차의 운전자는 고장이나 그 밖의 사유로 고속도로 등에서 자동차를 운행할 수 없게 되었을 때에는 행정안전부령이 정하는 표지(고장차량 표지)를 하여야 하며, 그 자동차를 고속도로 등이 아닌 다른 곳으로 옮겨 놓는 등의 필요한 조치를 하여야 한다(도로교통법 제66조).

제6장 교통사고의 규정

01 대형교통사고(교통사고조사규칙)

① 3명 이상이 사망(교통사고 발생일로부터 30일 이내에 사망한 것)
② 20명 이상의 사상자가 발생한 사고

02 중대한 교통사고(여객자동차운수사업법)

① 전복사고
② 화재가 발생한 사고
③ 사망자 2명 이상 발생한 사고
④ 사망자 1명과 중상자 3명 이상이 발생한 사고
⑤ 중상자 6명 이상이 발생한 사고

기출문제와 예상문제(50문제)

01 직업운전자의 기본예절에 대한 설명으로 옳은 것은?

① 상대에게 항상 관심을 갖고 상대로 하여금 호감을 갖게 만든다.

② 상대방에게 관심을 가짐으로써 상호관계가 저해된다.

③ 상대방과의 인간관계는 경제적 이익을 바탕으로 한다.

④ 자신의 것만 챙기는 것은 좋은 인간관계를 유지하는 목적이다.

해 직업운전자의 기본예절
 ㉠ 자신의 것만 챙기는 것은 바람직한 인간관계를 저해한다.
 ㉡ 예의란 인간관계에서 지켜야 할 도덕이다.
 ㉢ 상호 상대방에게 관심을 가짐으로써 인간관계가 형성된다.
 ㉣ 감당할 수 있는 약간의 어려움은 감수한다.

02 여객자동차 운수종사자의 준수사항이 아닌 것은?

① 정당한 사유 없이 여객의 승차를 거부하거나 여객을 중도에서 내리게 하는 행위

② 운전업무 중 해당 도로에 이상이 있을 경우, 즉시 운행을 중지하고 사업조합에게 알리는 행위

③ 일정한 장소에서 장시간 정차하여 여객을 유치하는 행위

④ 자동차의 문을 완전히 닫지 아니한 상태에서 출발 또는 운행하는 행위

03 택시 운수종사자의 자세 중 올바르지 않은 것은?

① 미소와 밝은 인사로 승객을 대한다.

② 고객의 목적지를 다시 한번 확인한다.

③ 무거운 짐이 있으면 싣고 내릴 때 거들어 준다.

④ 골목길은 불편하므로 무조건 들어가지 않는다.

04 승객을 맞는 운수종사자의 자세가 아닌 것은?

① 세심한 배려의 태도로 마주하기

② 친절함을 표현하는 미소 짓기

③ 고객에 대한 무관심한 반응 보이기

④ 신뢰감을 주는 차림새 갖추기

05 운수종사자로서의 준수사항이라고 볼 수 없는 것은?

① 안전운행에 문제가 있는 경우에는 그 사항을 회사에 알린다.

② 경찰공무원의 운전면허증 등 요구가 있을 경우 즉시 응하여야 한다.

③ 택시의 차실에는 신문 또는 잡지 등 읽을거리를 비치하도록 한다.

④ 여객이 타고 있을 때에는 택시 안에서 담배를 피워서는 안 된다.

06 택시운전자가 차량에 대한 일상점검을 해야 할 시기로 적절한 것은?

① 운행 종료 후   ② 도로 운행 중

③ 틈나는 대로   ④ 운행 시작 전

| 정답 | 01 ① 02 ② 03 ④ 04 ③ 05 ③ 06 ④

07 운수종사자의 준수사항으로 틀린 것은?

① 운행 중 중대한 고장이 발견된 경우에는 즉시 운행을 중지하고 적절한 조치를 해야 한다.

② 일정한 장소에 오랜 시간 정차하여 여객을 유치하는 행위를 해서는 안 된다.

③ 전용 운반상자에 넣은 애완동물을 데리고 있는 경우라 해도 다른 여객에게 불쾌감을 줄 우려가 있으므로 승차를 거부한다.

④ 질병·피로 먹는 음주나 그 밖의 사유로 안전한 운전을 할 수 없을 때에는 그 사정을 회사에 알린다.

08 택시는 승객의 (   )를 위하여 일시적으로 버스전용차로로 통행할 수 있으나 이 경우 (   )가 끝나는 즉시 전용차로를 벗어나야 한다. (   ) 안에 들어갈 용어는?

① 승·하차   ③ 하차

② 승차   ④ 개인용무

09 운수종사자의 준수사항에 해당되지 않는 것은?

① 타 승객에게 위해를 끼칠 폭발성 물질 등 탑재금지

② 케리어(전용상자)에 넣은 애완동물을 동반한 승객 탑승제지

③ 운송사업 중 자동차 안에서 흡연금지

④ 출입구나 통로를 막을 물품을 진입하는 승객 탑승제지

10 택시운전자가 중상자 3명의 교통사고를 낸 경우 받아야 할 교육은 무엇인가?

① 교통소양교육   ② 정신교육

③ 교통안전교육   ④ 특별교육

11 운수종사자로서 승객안전을 위한 준수사항 내용 중 옳지 않은 것은?

① 승객의 요구가 있을 경우 영수증의 발급 및 신용카드 결제에 응해야 한다.

② 운행 중 차량의 고장이 발견되면 즉시 운행을 중지한다.

③ 관계공무원의 자격증 제시 요구에 즉시 응한다.

④ 승객의 동의가 있다면 택시 안에서 흡연해도 관계없다.

12 버스정류장 표지판이 설치된 곳에서 승객이 택시를 불렀을 때의 조치방법은?

① 즉시 승객 앞에 정차하여 승객을 세운다.

② 주변을 확인한 후 정차하려는 버스가 없는 경우에는 버스정류장에서 승객을 태운다.

③ 버스정류장에서 10m 이상 떨어진 곳으로 승객을 유도하여 태운다.

④ 버스정류장 표지판이 설치된 곳으로부터 3m 떨어져 승객을 태운다.

13 여객자동차 운전자의 "복장의 기본원칙"이다. 잘못된 것은?

① 깨끗하게 단정하게

② 통일감 있게 규정에 맞게

③ 품위 있게, 계절에 맞게

④ 편한 신발로 샌들이나 슬리퍼도 신어도 된다.

14 택시운전자의 서비스와 관련하여 고려할 필요가 없는 사항은?

① 친절한 태도

② 고객 안전 유지

③ 단정한 복장

④ 회사의 수익 확대

15 택시운전자가 고객을 응대하는 방법 중 옳지 않는 것은?

① 인사를 한다.　　　② 행선지를 묻는다.
③ 운행코스를 묻는다.　④ 가는 목적을 묻는다.

16 다음 중 택시운전자의 서비스와 거리가 먼 것은?

① 승객과의 만남에서 밝은 미소로 인사한다.
② 택시 내에서는 금연한다.
③ 승객들 간의 대화에는 끼어들어 친목을 도모한다.
④ 쾌적한 용모, 차량 청결을 유지한다.

17 택시운수종사자의 금지행위에 속하지 않는 것은?

① 부당한 요금을 받는 행위
② 긴급환자 운송 중 승객의 승차를 거부하는 행위
③ 운행 중 여객을 중도에 내리게 하는 행위
④ 차문을 완전히 닫지 않은 상태에서 차를 출발시키는 행위

18 다음 중 운수종사자가 가져야 할 친절한 운전자세가 아닌 것은?

① 승객에게 부드러운 표정을 지으며 말한다.
② 운행 중에 갑자기 끼어들거나 다른 운전자와 시비하지 않는다.
③ 승객의 무거운 물건을 들어준다.
④ 운행중에 휴대전화의 문자를 계속 확인한다.

19 택시를 이용하려는 승객에게 운수종사자가 행선지를 물어보기에 적절한 시기는?

① 승차 전　　　　② 승차할 때
③ 출발 직전　　　④ 주행 중

20 운수종사자가 지켜야 할 사항 중 가장 올바른 것은?

① 보행자 보다 차량을 우선한다.
② 무관심과 무표정으로 운전한다.
③ 용모와 태도가 불량하게 운전한다.
④ 안전운전과 방어운전을 한다.

21 운수종사자의 적절한 서비스 자세가 아닌 것은?

① 택시 승객이 짐을 싣는 것을 도와준다.
② 이동할 경로는 적정한지 승객에게 물어본다.
③ 승객이 불편하지 않도록 운행에 신경쓴다.
④ 몸이 불편한 승객은 될 수 있는 한 거부한다.

22 술에 취한 승객이 횡설수설할 경우 운전자로서 바람직한 처리 태도는?

① 가까운 경찰서로 데려가 인계한다.
② 가능한 취객과 분위기를 맞춰 가며 대화한다.
③ 바로 하차시킨다.
④ 아무 대꾸를 하지 않는다.

23 택시운전자가 가져야 할 마음자세로 볼 수 없는 것은?

① 승객에게 친절하게 대하는 마음
② 승객보다 회사의 수입을 우선시하는 마음
③ 교통법규를 지키려는 마음
④ 항상 안전운행에 신경을 쓰는 마음

24 운전자가 삼가야 하는 행동으로 맞지 않는 것은?

① 지그재그 운전으로 다른 운전자를 불안하게 만드는 행동은 하지 않는다.
② 교통정체가 있는 경우에는 갓길로 통행한다.
③ 도로상에서 차량을 세워 둔 채로 시비, 다툼 등의 행위로 다른 차량의 통행을 방해하지 않는다.
④ 신호등이 바뀠다고 앞차에 빨리 출발하라고 전조등 작동이나 경음기로 재촉하는 행위를 하지 않는다.

| 📖 정답 | 15 ④　16 ③　17 ②　18 ④　19 ③　20 ④　21 ④　22 ④　23 ②　24 ②

25 다음 중 호감 받는 표정관리에서 좋은 표정을 만드는 방법이 아닌 것은?

① 웃는 표정을 짓는다.
② 돌아서면서 표정이 굳어지지 않도록 한다.
③ 상대의 눈을 보지 않는다.
④ 밝고 상쾌한 표정을 만든다.

26 고객과의 정중한 인사는 머리와 상체의 각도가 어느 정도인가?

① 신체각도 15°
② 신체각도 30°
③ 신체각도 45°
④ 신체각도 90°

27 장애인 승객이 하차하고자 하는 위치가 정차금지 구역일 경우 가장 올바른 조치는?

① 정차금지구역이므로 정차할 수 없어 택시 승강장까지 간다.
② 승객이 장애인이기 때문에 주정차금지 구역일지라도 정차할 수 있다.
③ 가까운 이면도로에서 하차시킨다.
④ 정차금지구역을 지난 가장 가까운 장소에 내려주며 안전한 하차를 돕는다.

28 운전자의 준수사항으로 옳지 않은 것은?

① 운송사업용 자동차의 운전자는 운행기록계를 원래의 목적대로 사용하지 않고 운행한다.
② 운전자는 안전을 확인하지 않고 차의 문을 열거나 내리지 않는다.
③ 지하도 또는 육교 등 도로횡단시설을 이용할 수 없는 지체장애인이 도로를 횡단할 때에는 일시정지한다.
④ 자동차의 승차정원을 초과하지 않고 운행한다.

29 승객을 위한 행동예절 중 "인사의 의미"에 대한 설명으로 틀린 것은?

① 인사는 서비스의 첫 동작이다.
② 인사는 서비스의 마지막 동작이다.
③ 인사는 서로 만나거나 헤어질 때 말로만 하는 것이다.
④ 인사는 존경, 사랑, 우정을 표현하는 행동 양식이다.

30 올바른 서비스 제공을 위한 요소에 해당되지 않는 것은?

① 단정한 용모 및 복장
② 공손한 인사와 밝은 표정
③ 친근한 말과 따뜻한 응대
④ 문의할 때 무응답

31 승객에 대한 택시운전자로서 올바른 자세라고 볼 수 없는 것은?

① 동일 지명이 여러 곳이라 혼란이 우려되는 경우 다시 확인 질문한다.
② 도착까지 예상되는 시간을 사전에 알려준다.
③ 택시를 탄 용무가 무엇인지 물어본다.
④ 출발 시 도착지까지의 예상운행경로를 설명한다.

32 다음 중 택시운전자가 근무 중 반드시 휴대해야 하는 것은?

① 무사고 증명서
② 운전면허증과 택시운전자격증
③ 소속회사의 명함
④ 보험가입증명서

33 직업운전자로서 고객과의 만남에서 올바른 마음 가짐이라고 볼 수 없는 것은?

① 정성과 감사의 마음으로 표현한다.

② 무표정한 얼굴로 인사한다.

③ 밝고 상냥한 미소 띤 얼굴로 인사한다.

④ 가급적 고객의 눈높이와 맞추어 눈으로 인사한다.

해 **인사의 마음가짐** : 예절바르고 정중하게, 경쾌하고 겸손한 인사말과 함께 인사한다.

34 고객과의 대화 중 호감 받는 표정관리와 관계가 먼 것은?

① 고객의 입장에서 생각한다.

② 부드러운 말투로 대화하며 긍정적으로 생각한다.

③ 고객의 불만은 겸허히 받아들인다.

④ 대충 대화하며 결정은 하지 않는다.

35 직업운전자가 고객과의 대화 시 유의해야 할 사항에 해당되지 않는 것은?

① 욕설, 폭언, 험담을 하지 않는다.

② 상대방의 약점을 함부로 지적하지 않는다.

③ 매사 침묵으로 일관한다.

④ 불평, 불만을 함부로 말하지 않는다.

해 매사에 침묵으로 일관하는 것은 상대방으로 하여금 무시하는 듯한 느낌을 갖게 한다.

36 운송종사자 직업의 의미 중에 포함되지 않는 것은?

① 경제적 의미　　② 정신적 의미

③ 철학적 의미　　④ 환경적 의미

37 운전자가 지켜야 할 에질로 옳지 않은 것은?

① 보행자 발견 시 일단정지하여 보향자보호 후 운행한다.

② 교차로 정체현상 시 급히 진입하여 자신만 신속히 통과한다.

③ 교차로나 좁은 길에서 마주 오는 차와 서로 양보해 준다.

④ 야간에 마주 오는 차와 만나면 먼저 전조등을 하향한다.

해 교차로에서는 방향지시등을 켜고 끼어들려고 할 때는 상호 양보한다. 교차로 정체현상 시 여유를 가지고 서서히 출발한다.

38 택시 운전자의 승객에 대한 서비스 자세로 옳은 것은?

① 승객의 요청을 묵살하는 자세

② 승객의 태도를 훈계하는 자세

③ 승객의 인격을 존중하는 자세

④ 승객의 이야기를 무시하는 자세

39 승객과 대화를 할 때 올바르지 않은 자세는?

① 도전적 언사는 가급적 자제한다.

② 불평불만을 함부로 떠들지 않는다.

③ 불가피한 경우를 제외하고 논쟁을 피한다.

④ 잦은 농담으로 고객을 즐겁게 한다.

40 고객과 대화를 할 때 직업운전자로서의 올바른 자세가 아닌 것은?

① 불만과 불편 사항을 경청하는 자세를 갖는다.

② 불가피한 경우를 제외하고 논쟁을 하지 않는다.

③ 목청을 높이거나 공격적인 언사는 삼가한다.

④ 고객의 불만에 대해서는 회사 또는 관청과 해결하라고 한다.

| 📖 **정답** | 33 ② 34 ④ 35 ③ 36 ④ 37 ② 38 ③ 39 ④ 40 ④

41 다음 중 운전자의 용모와 복장에 대한 기본원칙이 아닌 것은?

① 용모는 항상 깨끗하게 한다.
② 신발로 샌들이나 슬리퍼를 신는다.
③ 복장은 계절에 맞게 착용한다.
④ 복장은 통일감 있게 착용한다.

해 운전자의 용모와 복장에 관한 기본원칙
ㄱ 깨끗하게, 단정하게, 품위 있게, 규정에 맞게
ㄴ 통일감 있게 착용, 계절에 맞게 착용
ㄷ 가급적 편한 신발(슬리퍼 삼가) 착용

42 운전 중 삼가야 할 운전행동이 아닌 것은?

① 사고로 인한 도로상에서의 시비나 다툼행위
② 안전운행을 위해 남을 배려하는 행위
③ 음악 등 소리를 크게 틀고 도로에 쓰레기(담배꽁초 등)를 버리는 행위
④ 욕설을 하거나 경쟁심으로 타인을 유해하는 행위

해 삼가야 할 운전행동 : 신호등이 바뀌기 전에 급출발하는 행위, 도로상에서의 시비·다툼행위, 쓰레기(담배꽁초 등)를 버리는 행위 등

43 택시서비스의 기본예절에 맞지 않는 것은?

① 고객이 목적지를 말하면 반복 확인한다.
② 고객이 요구하는 주행코스를 우선으로 한다.
③ 가장 빠르고 안전한 길로 주행한다.
④ 주행 중에 담배를 피우고 싶을 때에는 창문을 열고 피운다.

44 운송종사자의 인성과 습관의 중요성에 적절하지 않는 것은?

① 운송종사자의 성격은 서비스에 영향을 준다.
② 안전 운전과 고객만족의 서비스를 위해 인격을 쌓도록 한다.
③ 올바른 습관과 태도를 갖도록 노력한다.
④ 운송종사자의 태도는 승객의 태도에 의해 변하므로 승객의 인격이 중요하다.

45 다음 중 고객에게 불쾌감을 주는 몸가짐이라고 볼 수 없는 것은?

① 덥수룩한 수염 및 콧털
② 충혈된 눈
③ 단정한 복장
④ 지저분한 손톱

해 고객에게 불쾌감을 주는 몸가짐
ㄱ 욕설을 하거나 무표정한 얼굴
ㄴ 덥수룩한 수염 및 콧털
ㄷ 지저분한 손톱
ㄹ 충혈된 눈, 잠잔 후 흔적이 남은 머리

46 택시운전자가 미터기를 누르는 시기로 적절한 것은?

① 여객이 문을 열 때
② 여객이 목적지를 말할 때
③ 여객 승차 후 바로
④ 여객이 목적지를 말한 후 출발할 때

47 택시 청결을 항상 유지해야 하는 이유로 가장 알맞은 것은?

① 회사의 규칙을 준수하기 위하여
② 승객에게 많은 요금을 받기 위하여
③ 승객에게 쾌적함을 제공하기 위하여
④ 승객에게 안정감을 제공하기 위하여

48 여객자동차운수사업법상 택시운전자가 택시 내에서 흡연을 하여 1회 적발된 경우 과태료 부과 기준은?

① 과태료 5만 원
② 과태료 10만 원
③ 과태료 15만 원
④ 과태료 20만 원

| 📖 정답 | 41 ② 42 ② 43 ④ 44 ④ 45 ③ 46 ④ 47 ③ 48 ②

49 택시운송사업의 발전에 관한 법률상 정당한 사유 없이 여객의 승차를 거부하거나 여객을 중도에서 내리게 하는 행위를 3차 이상 한 경우 운전자에 대한 자격처분은?

① 경고
② 자격정지 10일
③ 자격정지 30일
④ 자격취소

50 운송사업자의 일반적 준수사항 설명이 잘못되어 있는 것은?

① 운송사업자는 13세 미만의 어린이에 대해서는 특별한 편의를 제공해야 한다.
② 운송사업자는 관할관청이 필요하다고 인정되는 경우 운수종사자로 하여금 단정한 복장 및 모자를 착용해야 한다.
③ 운송사업자는 자동차를 항상 깨끗하게 유지하여야 하며, 관할관청이 실시하거나 관할관청과 조합이 합동으로 실시하는 청결상태 등의 확인을 받아야 한다.
④ 운송사업자는 회사명, 자동차번호, 운전자 성명, 불편사항 연락처 및 차고지 등을 적은 표지판이나 운행계통도 등을 승객이 자동차 안에서 쉽게 볼 수 있는 위치에 게시하여야 한다.

Chapter 05

응급조치와
심폐소생법

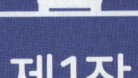

제1장 응급조치방법

응급처치는 부상자의 이동, 부상자의 관찰, 부상자의 체위관리, 부상상태에 따른 응급조치 등의 순서로 실시한다.

01 부상자 이동

① 사고현장이 화재 또는 다른 교통의 통행 등으로 위험이 예상되거나 그대로 두면 부상자의 상태가 악화될 위험이 있는 경우 차 안에 있는 부상자나 도로 위에 쓰러져 있는 부상자를 안전한 장소로 이동시켜야 한다.

② 이동 시에는 부상자의 상태를 관찰 확인하면서 안전한 방법으로 이동시켜야 하며 특히, 목뼈 등 골절환자에 대해서는 더욱 조심하여야 한다.

③ 꼭 필요한 경우가 아니면 함부로 부상자를 움직이지 않아야 하며, 부득이하게 장소를 이동하여 응급처치를 실시할 경우에는 이동방법에 충분한 주의를 기울여 상태를 악화시키는 일이 없도록 하여야 한다.

④ 교통사고의 경우 동시에 여러 사람이 부상을 입게 되는 경우가 있으므로 이러한 경우에는 우선순위를 정하여 응급조치를 실시함과 동시에 주변 사람들에게 협력을 구한다.

⑤ 부상자가 의식이 있는 경우는 격려하면서 정신적으로 안정을 시키는 것이 중요하다.

⑥ 교통사고 현장은 사고의 원인을 규명하기 위하여 필요한 곳이므로 부근에 있는 것을 필요 이상 이동한다거나 분별없이 치워서는 아니 된다.

02 부상자 관찰

부상자의 의식상태, 호흡상태, 출혈상태, 구토상태 및 신체상태에 대하여 관찰하고 의료진이 오게 되면 이를 설명해 준다.

03 부상자의 체위관리

① 의식 있는 부상자는 직접 물어보면서 가장 편안하다고 하는 자세로 눕힌다.

② 의식이 없는 부상자는 기도를 개방하고 수평자세로 눕힌다.

③ 토하고자 하는 부상자는 머리를 옆으로 돌려준다.

④ 가슴에 부상을 당하여 호흡을 힘들게 하는 부상자인 경우에는 호흡하기가 한결 쉬워지도록 부상자의 머리와 어깨를 높여 눕힌다.

⑤ 얼굴색이 창백한 경우는 하체를 높게 한다.

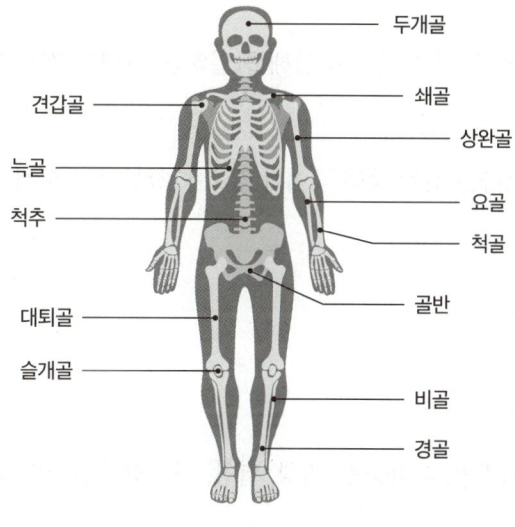

인체의 각 골절과 명칭

04 지혈법

① **직접 압박지혈법**(출혈이 적을 때) : 출혈 부위를 직접 거즈나 깨끗한 헝겊 또는 손수건을 접어 상처 바로 위에 대고 직접 누르고 붕대를 단단히 감아주는 방법이다.

② **간접 압박지혈법**(출혈이 심할 때) : 직접 압박해도 계속 출혈이 있는 경우 동맥이 손상된 것으로 판단하고 손상부위와 심장 사이의 뼈가 가까이 지나는 곳의 동맥을 압박하여 피의 흐름을 차단하는 방법으로 직접 압박과 동시에 실시한다.

③ **지혈대법** : 직접 압박지혈법과 간접 압박지혈법으로도 출혈이 계속되는 경우에는 지혈대를 사용한다. 지혈대는 출혈 부위보다 심장에 가까운 곳의 손발을 묶어 지혈한다. 지혈대는 30분 이상 지속적으로 사용하지 않도록 하고 지혈대의 보기 쉬운 곳에 지혈대 사용시간과 부위를 기록해 두는 것이 좋다.

① **절창**(Incised wounds)：칼이나 유리와 같은 예리한 부위로 상해를 입은 경우를 절창이라 하는데 교통사고에서는 전면 유리 또는 차창 유리의 파편이나 차체의 철판이 찢어진 부위, 범퍼의 파손으로 인한 부위에 의해 절창 현상이 나타난다.

② **할창**(Chop wounds)：예리한 부위로 신체에 상해를 입히는 상태는 절창과 같으나 할창은 절창보다 강한 힘을 작용하는 것이다.

③ **자창**(Stab wounds)：절창보다는 신체 상해 깊이가 깊고 할창보다는 상해 부위가 좁은 상해를 자창이라 한다.

둔기에 의한 상해 상태는 표피박탈, 피하출혈, 좌창, 열창, 역과창, 결손창, 내장파열, 골절, 두강내 상해로 구분한다.

① **표피박탈**(Abrasions, Excoriation)：둔기가 피부의 표면에 찰과되며 표피가 박탈되어 신체의 피가 흘러내리는 상태를 표피박탈이라 한다.

② **피하 출혈**(Subcutaneous hemorrhage)：표피박탈의 현상과 더불어 피부 밑의 모세혈관이 파열되어 피부 밑의 주위조직에 출혈하여 응고된 상태로서 표피박탈의 인체 상해보다는 충격하는 힘이 강했을 때 나타나는 현상으로 이를 타박상이라고 한다.

③ **좌창**(Contusions)：인체에 좌멸손상이 형성된 것으로서 표피박탈과 피하 출혈이 수반되는 인체 상해를 좌창이라 한다.

④ **열창**(Lacerations)：열창은 둔기에 의해 인체에 충격을 가했을 때 피부가 긴장되며 탄력성의 한계를 넘어 피부 및 피부 밑의 조직이 파열되는 경우를 말한다.

⑤ **역과창**(Crushed wound)：일반적으로 자동차에 의한 2차 충돌로서 자동차가 신체의 일부를 역과하여 상해를 입은 경우를 역과창이라 한다.

⑥ **결손창**(Avulsion)：신체의 결손으로 신체 연부조직이 외부의 충격에 의하여 일부가 떨어져 나간 상태를 결손창이라 한다.

⑦ **내장 파열**(Rupture of the internal organs)：신체에 강하게 외부의 힘이 작용하게 되면 특히 복강 내의 장기가 상해를 입는 경우를 내장 파열이라 한다.

⑧ **골절**(Fractures) : 인체를 지탱해주는 뼈에 직접 큰 힘이 작용하는 경우나 간접적으로 힘이 인체에 가해지게 되면 뼈가 부서지거나 부러지는 신체 상해를 골절이라 한다.

07 두개강 내 상해(Intracranial injuries)

① **뇌진탕**(Cerebral concussion) : 교통사고에서 뇌진탕은 2차 충돌에 의해 많이 나타나는 상해로서 머리 부위를 심하게 충돌한 경우로서 대뇌의 기능장애 현상을 뇌진탕이라 한다.

뇌진탕의 증세는 사고 직후 나타나는 것이 특징이며 그 증세는 의식상실이 주 징후로서 일반적으로 상해를 입은 자는 구토 증세를 일으킨다.   뇌진탕으로 의식이 상실된 경우를 일반적으로 식물인간이라 하는데 중증일 경우에는 의식이 상실된 채로 회복되지 않고 사망하는 경우가 많다.

② **뇌좌상**(Cerebral contusion) : 머리의 충격으로 두개강 내에서 뇌실질이 손상된 신체 상해를 뇌좌상이라 한다.

08 골절·탈구·염좌

① **골절**

　ㄱ. **단순골절** : 상처가 보이지 않으며 뼈가 부러졌거나 금이 간 것

　ㄴ. **복합골절** : 상처가 밖으로 나타나 있으며 감염의 위험이 높기 때문에 감염예방과 출혈방지를 해야 함

② **탈구** : 관절과 그것을 둘러싸고 있는 인대의 상처

③ **염좌** : 관절을 둘러싸고 있는 혈관 인대, 건이 늘어났거나 찢어진 것

09 차멀미

차멀미가 심한 경우에는 갑자기 쓰러지고 안색이 창백해지며 손발이 차가워지면서 땀을 흘리는 허탈증상이 나타나기도 한다.

① 환자를 통풍이 잘되고 비교적 흔들림이 적은 차량 앞쪽으로 앉도록 한다.

② 심한 경우에는 휴게소나 안전하게 정차할 수 있는 곳에 정차하여 차에서 내려 시원한 공기를 마시도록 한다.

③ 차멀미 승객이 구토할 경우를 대비해 차량 내에 위생봉지를 준비한다.

제2장　심폐소생법(CPR)

01　심폐소생술

심폐소생술은 부상자의 의식이 분명치 않다든지 심장박동이 멈추고 숨을 쉬지 않는 사람에게 인공적으로 호흡을 불어넣고 흉부를 압박하여 산소가 포함된 혈액을 뇌로 보내주는 것으로 호흡이나 순환기를 다른 사람의 도움으로 희생시켜 부상자의 생명을 구하는 처치방법을 말한다.

심정지가 발생하면 그 순간부터 시간이 경과하면서 매분마다 사망률이 증가한다.

5분 이상이 경과되면 뇌 손상이 시작되고 10분 이상 경과되면 소생 가능성이 희박하다. 그러므로 심정지가 발생하는 것을 목격한 사람이 심폐소생술을 즉시 실시하면 소생 가능성을 2~3배 늘릴 수 있다.

02　심폐소생술 순서

(1) 의식확인

환자의 어깨를 가볍게 두드리며 의식 여부를 확인한다.

(2) 119 신고

곧바로 119에 신고하거나 주변 사람에게 신고를 부탁한다.

(3) 기도확보

공기가 이나 코로 들어가 폐에 도달하기까지의 통로(기도)를 확보(개방)하는 것을 말한다.

1) 기도확보가 필요한 경우

① 의식장애가 있는 경우

② 호흡이 정지된 경우

③ 숨은 쉬나 가슴의 움직임이 부자연스럽거나 이상한 소리가 들리는 경우

2) 기도확보 방법

① 머리를 뒤로 젖힌다.

② 입 안에 피나 토한 음식물 등이 목구멍을 막고 있으면 손가락으로 긁어낸다.

(4) 호흡과 맥박 확인

119 신고가 이루어졌다면, 호흡을 확인한 후 맥박을 확인하고 호흡이 없거나 불규칙하다면 바로 가슴 압박으로 넘어간다.

(5) 가슴 압박

편평한 곳에 환자를 두고, 한 손을 다른 손위에 겹쳐 깍지를 낀 후, 환자의 가슴 정중앙에 대고 팔꿈치를 쭉 편 상태에서 체중을 실어 강하고 빠르게 가슴 압박을 해준다. 속도는 1분에 100회 정도로, 깊이는 5cm 정도가 좋다.

(6) 인공호흡

1) 인공호흡이 필요한 경우

① 기도를 확보하고 맥박이 뛰고 있는데도 호흡하지 아니하는 경우

② 기도를 확보하였다고 해도 가슴의 움직임이 없는 경우

③ 가슴은 움직이고 있으나 불규칙적이고 숨소리가 들리지 않는 경우

2) 인공호흡 방법

① 환자의 머리를 젖히고 턱을 들어 올려서 기도를 개방시킨 상태에서 부상자의 이마를 누르고 있는 손의 엄지와 검지로 부상자의 코를 부드럽게 잡아 막는다. 그런 다음 환자의 입을 벌려 응급처치원은 자기 입을 크게 벌려 공기를 많이 들이마신 후 부상자의 입에 자기의 입을 공기가 새지 않도록 밀착시킨 후 부상자의 입으로 공기를 불어 넣는다.

② 매 5초마다 한 번씩 1~1.5초 동안 공기를 불어 넣어야 하며 약 1분간(12회) 계속 실시 후 경동맥을 조사한다.

③ 계속 맥박은 뛰고 있는데도 호흡을 하지 않으면 부상자가 스스로 호흡하거나 응급서비스요원이 도착할 때까지 매 5초마다 계속 실시한다.

④ 119가 도착할 때까지 가슴압박 30회, 인공호흡 2회를 반복 시행하는데 환자가 호흡이 돌아오면, 옆으로 돌려 눕혀서 구토물 등으로 기도가 막히지 않게 해주는 것이 중요하다.

(7) 심장 마사지

1) 심장 마사지가 필요한 경우는 의식이 없고 호흡을 하지 않는 부상자에 대한 인공호흡을 실시하기 전 또는 실시 중에 맥박을 확인하여 맥박이 뛰지 않는 즉시 심장 마사지를 실시하여야 한다.

2) 심장 마사지 실시 방법

① 부상자를 딱딱하고 평평한 바닥 위에 머리와 심장이 같은 높이가 되게 수평으로 눕힌다.

② 부상자의 가슴을 보며 무릎을 꿇고 앉아 부상자의 흉골 아래쪽 끝의 검상돌기 위에 양손을 대고 팔꿈치가 구부러지지 않게 팔을 곧게 펴고 어깨가 손과 수직이 되도록 한 후 상체의 무게로 부상자의 흉골을 똑바로 내려 누른다.

③ 압박할 때마다 흉골을 3.8~5.1cm(1.5~2인치) 정도씩 누르고 1분에 80~100회 정도 부드럽게 실시한다.

④ 흉부압박과 불어넣기 비율은 15회 압박과 두 번 불어넣기를 한 주기로 하여 실시한다.

심폐소생술 순서 및 방법

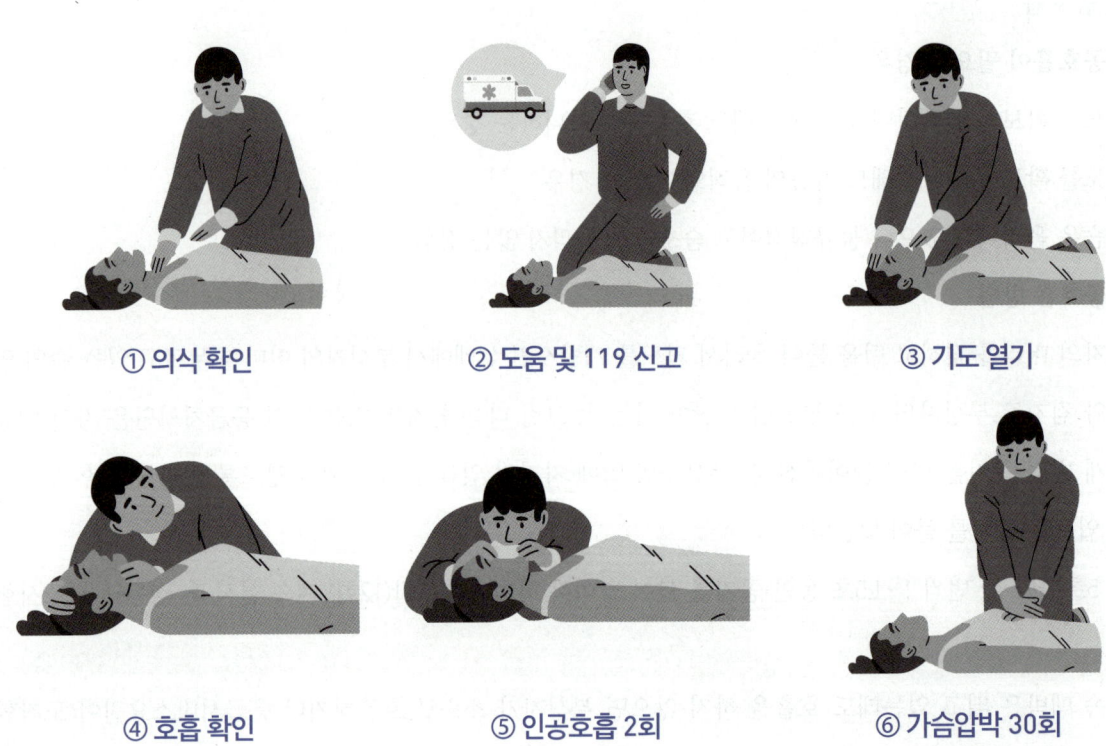

① 의식 확인   ② 도움 및 119 신고   ③ 기도 열기

④ 호흡 확인   ⑤ 인공호흡 2회   ⑥ 가슴압박 30회

01 교통사고로 인체가 차체와의 2차 충돌이라고 하는 것은 어떠한 경우인가?

① 범퍼와의 충돌이다.
② 전면 유리와의 충돌이다.
③ 타이어가 역과한 경우이다.
④ 한 사고로 차량과 두 번째로 충돌한 경우이다.

02 교통사고 발생된 경우 운전자의 조치과정으로 올바른 것은?

① 후방방호 - 인명구조 - 연락 - 대기
② 연락 - 후방방호 - 인명구조 - 대기
③ 대기 - 인명구조 - 연락 - 후방방호
④ 인명구조 - 후방방호 - 연락 - 대기

03 교통사고 시 어깨와 복부를 지나는 2점식 안전벨트에 의한 장기손상이 나타날 수 있는 곳은?

① 늑골골절, 장파열
② 상지골절, 하지골절
③ 척추손상, 안면골절
④ 두부손상, 무릎골절

04 교통사고로 인한 사상자 응급조치로 볼 수 없는 것은?

① 승객의 유류품 보관
② 부상승객에 대한 응급조치
③ 사고현장 이탈
④ 신속한 부상자 후송

05 응급조치의 정의를 올바르지 않게 설명된 것은?

① 전문적인 의료행위를 받기 전에 이루어지는 조치이다.
② 즉각적이고 임시적인 조치이다.
③ 부상자를 보호하고 고통을 덜어주려는 조치이다.
④ 의약품을 사용하여 부상자를 치료하는 조치이다.

06 목을 부여잡은 성인 환자에게 기도폐쇄 처치(하임리히 방법)를 실시하지 않는 상태는?

① 숨을 쉬지 못함　　② 얼굴색이 파래짐
③ 거친 숨소리　　　④ 의식수준이 떨어짐

07 다음 중 응급환자구조라고 볼 수 없는 것은?

① 응급처치　　　　② 환자에게 안정감 제공
③ 응급환자 이송　　④ 사고 처리

08 기도가 폐쇄되어 말은 할 수 있으나 호흡이 힘들 때의 응급처치법은?

① 하임리히법　　　② 인공호흡법
③ 가슴압박법　　　④ 심폐소생술

09 다음 중 역과창이라고 하는 신체 손상은 어떤 상태를 말하는가?

① 역과로 인하여 신체의 일부가 피하출혈, 좌창, 둔부의 절단, 골절 등의 손상을 입는 것을 말한다.
② 충격으로 인하여 피부 일부가 떨어져 나간 손상상태를 말한다.
③ 역과 시에 신체의 일부가 떨어져 나간 손상을 말한다.
④ 역과 시에 신체 일부가 척추 뼈만 골절 손상을 입은 것을 말한다.

| 📖 정답 | 01 ④ 02 ④ 03 ① 04 ③ 05 ④ 06 ③ 07 ④ 08 ① 09 ①

해 역과창은 자동차 등에 의하여 신체의 일부가 역과하여 피하출혈, 좌창, 둔부의 절단, 골절 등의 손상을 말한다.

10 교통사고 발생 시 운전자의 조치사항으로 맞지 않는 것은?

① 차량 정지
② 사고지역으로부터 이탈
③ 사고차량으로부터 탈출
④ 인명구호 조치

11 택시운전자가 응급환자 수송 등 긴급상황의 경우에도 면책되지 않는 것은?

① 끼어들기　　　② 신호위반
③ 속도위반　　　④ 충돌사고

12 골절환자에 대한 응급처치방법이 옳지 않은 것은?

① 부상자가 움직이지 않게 한다.
② 얼음주머니를 대준다.
③ 탄력붕대로 감아준다.
④ 다친 곳을 심장보다 낮게 위치시킨다.

13 응급처치방법으로 골절환자에 대한 조치가 올바른 것은?

① 부상자를 병원으로 후송
② 인공호흡 실시
③ 심폐소생술 시술
④ 부목으로 골절부위 고정

14 골절부상자를 위한 응급조치로 옳지 않은 것은?

① 냉찜질을 해 준다.
② 환자를 가능한 움직이지 않게 한다.
③ 가급적 구급차가 올 때까지 기다린다.
④ 다친 부위를 심장보다 낮게 한다.

15 차량의 앞 범퍼로 보행자를 충돌하였을 경우에 나타나는 신체 상해가 아닌 것은?

① 파열상　　　　② 좌상
③ 찰과상　　　　④ 역과상

해 역과상은 차량이 보행자 등을 타이어로 역과하여 나타난 상해를 말한다.

16 화상환자의 응급처치에 대한 설명으로 옳지 않은 것은?

① 환자를 위험지역에서 멀리 이동시킨 후 신속하게 불이 붙어 있거나 탄 옷을 제거한다.
② 화상 입은 부위와 붙어 있는 의류는 억지로 떼어내지 않는다.
③ 환자의 호흡상태를 관찰하여 필요하다면 고농도 산소를 투여한다.
④ 화상환자는 체액 손실이 많으므로 현장에서 음식물 및 수분을 충분히 보충해 준다.

17 교통사고 발생 시 부상자에 대한 응급구호 요령으로 틀린 것은?

① 부상자가 의식이 없는 때에는 바르게 눕힌 자세를 유지한다.
② 호흡이 멈춘 경우 호흡이 원활하도록 기도를 확보하고 인공호흡을 실시한다.
③ 출혈이 심할 때에는 우선적으로 지혈을 한다.
④ 심장박동이 느껴지지 않는 경우 인공호흡과 심장마사지를 한다.

18 다음 중 표피박탈이란 인체 손상을 올바르게 설명한 것은?

① 외부 및 연부조직이 외부의 충격으로 신체 일부가 손상된 상태이다.

② 피부 및 출혈이 보이는 타박상 상태이다.

③ 둔체에 의해 표피에 작용한 경우이다.

④ 찰과적 작용에 의해 표피가 박탈되어 진피가 노출된 상태이다.

해 표피박탈은 신체 일부가 찰과된 것으로서 둔기(둔체)의 찰과적 작용에 의해 표피가 박탈되어 진피가 노출된 것을 말한다.

19 사상자가 발생한 교통사고인 먼저 취해야 할 행동은?

① 사망자의 시신 보존

② 회사 또는 보험회사 담당자에게 신고

③ 경찰서에 신고

④ 부상자 구출

20 교통사고로 인해 쓰러진 부상자에게 먼저 시행해야 하는 것은?

① 출혈이나 골절 등을 확인한다.

② 목을 뒤로 젖혀 기도를 개방한다.

③ 환자의 의식여부를 먼저 확인한다.

④ 곧바로 인공호흡을 실시한다.

21 부상자의 기도확보에 대한 설명으로 옳지 않은 것은?

① 의식이 없을 경우 머리를 뒤로 젖히고 턱을 끌어올려 목구멍을 넓힌다.

② 기도확보는 공기가 입과 코를 통해 폐에 도달할 수 있는 통로를 확보하는 것이다.

③ 엎드려 있을 경우에는 무리가 가지 않도록 그대로 둔 상태에서 등을 두드린다.

④ 기도에 이물질 또는 분비물이 있는 경우 이를 우선 제거한다.

22 교통사고 발생 시 구급차 호출번호는?

① 100

② 911

③ 112

④ 119

23 택시승객이 갑자기 편마비 등 뇌졸중을 일으켰다고 의심되는 경우는?

① 기도유지를 하고 음료수를 준다.

② 119로 전화하여 도움을 요청한다.

③ CT 촬영이 가능한 2차병원으로 빨리 이송한다.

④ 가장 가까운 곳에 위치한 대학병원으로 이송한다.

24 당뇨병을 가진 환자가 식사를 거른 후 갑자기 식은땀과 어지러움을 호소한다. 응급조치로서 가장 옳은 처치는?

① 초콜릿을 먹인다.

② 쥬스를 먹인다.

③ 사탕을 준다.

④ 내과병원으로 신속히 이송한다.

25 인공호흡에 대한 설명으로 거리가 먼 것은?

① 우선 인공호흡으로 환자의 가슴이 올라오지 않는다면 기도를 다시 확보한다.

② 인공호흡을 시도했으나 잘되지 않는다면 잘될 때까지 시도한다.

③ 인공호흡의 가장 일반적인 방법은 구강 대 구강법이다.

④ 인공호흡을 하기 전에 기도확보가 되어 있어야 한다.

26 교통사고 시 부상자에게 인공호흡을 실시해야 하는 경우는?

① 호흡은 없고 맥박이 있을 때

② 호흡과 맥박이 모두 없을 때

③ 호흡은 있고 맥박이 없을 때

④ 출혈이 심할 때

| 정답 | 18 ④   19 ④   20 ③   21 ③   22 ④   23 ②   24 ②   25 ②   26 ①

27 정상인의 호흡 횟수는 일반적으로 분당 어느 정도인가?

① 5~10회

② 10~20회

③ 20~30회

④ 40~60회

28 교통사고 시 심폐소생술의 순서로 올바른 것은?

① 인공호흡 → 가슴압박 → 기도개방

② 인공호흡 → 기도개방 → 가슴압박

③ 가슴압박 → 인공호흡 → 기도개방

④ 기도개방 → 인공호흡 → 가슴압박

29 성인에게 심폐소생술을 시행할 때 가슴압박의 깊이로 옳은 것은?

① 약 4cm

② 약 5cm

③ 약 6cm

④ 약 7cm

30 다음 중 탈구환자에 대한 응급처치요령으로 틀린 것은?

① 찬물을 젖신 물수건으로 찜질하여 아픔과 붓는 것을 줄인다.

② 탈구된 부위가 팔 또는 다리인 경우 견인 붕대로 받쳐준다.

③ 탈구는 빠르고 정확한 처치가 필요하므로 119에 신고한다.

④ 의료진이 오기 전에 탈구가 바로 잡히도록 조치한다.

Chapter 06

지리

제1장 서울특별시

서울특별시는 대한민국의 수도이자 최대 도시이다.

삼국시대 백제의 첫 수도인 위례성이었고, 고려의 남경이었으며, 조선의 수도가 된 이후로 현재까지 대한민국 정치·경제·사회·문화의 중심지이다.

중앙으로 한강이 흐르고, 이를 기준으로 강북과 강남 지역으로 구분한다.

북한산, 관악산, 도봉산, 불암산, 인릉산, 청계산, 아차산 등의 여러 산들로 둘러싸인 분지 지형의 도시이다.

(1) 서울특별시의 상징

휘장	
면적	605.2㎢(2021.12 기준)
인구	9,436,836명(2022.11 기준)
시의 꽃	개나리
시의 나무	은행나무
시의 새	까치

(2) 서울특별시의 행정구역

서울특별시의 행정구역은 2022년 5월말 기준으로 25개 자치구와 426개의 행정동이 있다.

(3) 행정 구역 구분

자치구	관할 구역
종로구	청운효자동, 사직동, 삼청동, 부암동, 평창동, 무악동, 교남동, 가회동, 종로1가, 종로2가, 종로3가, 누상동, 누하동, 창성동
중구	소공동, 회현동, 명동, 필동, 장충동, 광희동, 을지로동, 신당동, 다산동, 약수동, 청구동, 신당5동, 동화동, 황학동, 중림동
용산구	후암동, 용산2가동, 남영동, 청파동, 원효로1동, 원효로2동, 효창동, 용문동, 한강로동, 이촌1동, 이촌2동, 이태원1동, 이태원2동, 한남동, 서빙고동, 보광동
성동구	왕십리도선동, 왕십리2동, 마장동, 사근동, 행당1동, 행당2동, 응봉동, 금호1가동, 금호2가동, 금호4가동, 옥수동, 성수1가1동, 성수1가2동, 성수2가1동, 성수2가3동, 송정동, 용답동
광진구	중곡1동, 중곡2동, 중곡3동, 중곡4동, 능동, 구의1동, 구의2동, 구의3동, 광장동, 자양1동, 자양2동, 자양3동, 자양4동, 화양동, 군자동
동대문구	용신동, 제기동, 전농1동, 전농2동, 답십리1동, 답십리2동, 장안1동, 장안2동, 청량리동, 회기동, 휘경1동, 휘경2동, 이문1동, 이문2동
중랑구	면목본동, 면목2동, 면목3동, 면목4동, 면목5동, 면목7동, 면목8동, 상봉1동, 상봉2동, 중화1동, 중화2동, 묵1동, 묵2동, 망우본동, 망우2동, 망우3동, 신내1동, 신내2동
성북구	성북동, 삼선동, 동선동, 돈암1동, 돈암2동, 안암동, 보문동, 정릉1동, 정릉2동, 정릉3동, 정릉4동, 길음1동, 길음2동, 종암동, 월곡1동, 월곡2동, 장위1동, 장위2동, 장위3동, 석관동
강북구	삼양동, 미아동, 송중동, 송천동, 삼각산동, 번1동, 번2동, 번3동, 수유1동, 수유2동, 수유3동, 우이동, 인수동
도봉구	쌍문1동, 쌍문2동, 쌍문3동, 쌍문4동, 방학1동, 방학2동, 방학3동, 창1동, 창2동, 창3동, 창4동, 창5동, 도봉1동, 도봉2동
노원구	월계1동, 월계2동, 월계3동, 공릉1동, 공릉2동, 하계1동, 하계2동, 중계본동, 중계1동, 중계2동, 중계4동, 상계1동, 상계2동, 상계3동, 상계5동, 상계6동, 상계8동, 상계9동, 상계10동
은평구	녹번동, 불광1동, 불광2동, 갈현1동, 갈현2동, 구산동, 대조동, 응암1동, 응암2동, 응암3동, 역촌동, 신사1동, 신사2동, 증산동, 수색동, 진관동
서대문구	충현동, 천연동, 북아현동, 신촌동, 연희동, 홍제1동, 홍제2동, 홍제3동, 홍은1동, 홍은2동, 남가좌1동, 남가좌2동, 북가좌1동, 북가좌2동
마포구	공덕동, 아현동, 도화동, 용강동, 대흥동, 염리동, 신수동, 서강동, 서교동, 합정동, 망원1동, 망원2동, 연남동, 성산1동, 성산2동, 상암동
양천구	목1동, 목2동, 목3동, 목4동, 목5동, 신월1동, 신월2동, 신월3동, 신월4동, 신월5동, 신월6동, 신월7동, 신정1동, 신정2동, 신정3동, 신정4동, 신정6동, 신정7동
강서구	염창동, 등촌1동, 등촌2동, 등촌3동, 화곡본동, 화곡1동, 화곡2동, 화곡3동, 화곡4동, 화곡6동, 화곡8동, 우장산동, 가양1동, 가양2동, 가양3동, 발산1동, 공항동, 방화1동, 방화2동, 방화3동

자치구	관할 구역
구로구	신도림동, 구로1동, 구로2동, 구로3동, 구로4동, 구로5동, 가리봉동, 수궁동, 고척1동, 고척2동, 개봉1동, 개봉2동, 개봉3동, 오류1동, 오류2동, 항동
금천구	가산동, 독산1동, 독산2동, 독산3동, 독산4동, 시흥1동, 시흥2동, 시흥3동, 시흥4동, 시흥5동
영등포구	영등포본동, 영등포동, 여의동, 당산1동, 당산2동, 도림동, 문래동, 양평1동, 양평2동, 신길1동, 신길3동, 신길4동, 신길5동, 신길6동, 신길7동, 대림1동, 대림2동, 대림3동
동작구	노량진1동, 노량진2동, 상도1동, 상도2동, 상도3동, 상도4동, 흑석동, 사당1동, 사당2동, 사당3동, 사당4동, 사당5동, 대방동, 신대방1동, 신대방2동
관악구	보라매동, 은천동, 성현동, 중앙동, 청림동, 행운동, 청룡동, 낙성대동, 인헌동, 남현동, 신림동, 신사동, 조원동, 미성동, 난곡동, 난향동, 서원동, 신원동, 서림동, 삼성동, 대학동
서초구	서초1동, 서초2동, 서초3동, 서초4동, 잠원동, 반포본동, 반포1동, 반포2동, 반포3동, 반포4동, 방배본동, 방배1동, 방배2동, 방배3동, 방배4동, 양재1동, 양재2동, 내곡동
강남구	신사동, 압구정동, 청담동, 논현1동, 논현2동, 삼성1동, 삼성2동, 대치1동, 대치2동, 대치4동, 역삼1동, 역삼2동, 도곡1동, 도곡2동, 개포1동, 개포2동, 개포4동, 일원본동, 일원1동, 일원2동, 수서동, 세곡동
송파구	풍납1동, 풍납2동, 거여1동, 거여2동, 마천1동, 마천2동, 방이1동, 방이2동, 오륜동, 오금동, 송파1동, 송파2동, 석촌동, 삼전동, 가락본동, 가락1동, 가락2동, 문정1동, 문정2동, 장지동, 위례동, 잠실본동, 잠실2동, 잠실3동, 잠실4동, 잠실6동, 잠실7동
강동구	강일동, 상일1동, 상일2동, 명일1동, 명일2동, 고덕1동, 고덕2동, 암사1동, 암사2동, 암사3동, 천호1동, 천호2동, 천호3동, 성내1동, 성내2동, 성내3동, 길동, 둔촌1동, 둔촌2동

(4) 한강다리

한강에 놓인 최초의 다리는 1900년 준공된 한강철교를 비롯하여 한강다리는 총 31개, 1950년대 이전에는 한강철교, 한강대교, 광진교 3개뿐이었지만 경제개발과 강남개발을 위해 1970~80년대 14개가 집중 건설되었고 2000년 이후에는 계속해서 건설되어 2022.9.1 월드컵대교가 개통된 상태이다.

1) 시계 내 교량: 22개

① 서울시 관리: 21개

가. 순수 도로 교량: 16개(서울시청 관리) - 광진교 등

나. 철도·도로 병용 교량:

　ㄱ. 3개(서울시청 관리) - 동작대교, 동호대교, 잠실철교

　ㄴ. 1개(서울시설공단 관리) - 청담대교

다. 철도 교량: 1개(서울메트로 관리) - 당산철교

② **타 기관 관리**: 1개(한강철교)

2) 시계 외 교량: 4개(팔당대교, 미사대교, 김포대교, 일산대교)

3) 시계 연결 교량: 5개

① **서울시**(서울시청) **관리**: 2개(구리암사대교, 행주대교)

② **타기관 관리**: 3개(강동대교, 마곡철교, 방화대교)

(5) 서울특별시의 주요 도로명

도로명	구간
강남대로	한남대교 북단 - 강남역 - 뱅뱅사거리 - 염곡사거리
강동대로	풍납로(올림픽대교 남단) - 둔촌사거리 - 서하남I.C 입구 사거리
강변북로	가양대교 북단 - 남양주 지금삼거리
고산자로	성수대교 북단 - 왕십리로터리 - 고려대역
남부순환로	김포공항입구 - 사당역사거리 - 수서I.C
내부순환도로	성산대교 북단 - 홍지문터널 - 성동교(동부간선도로)
노들로	양화교 교차로 - 노량진북고가차도
도산대로	신사역사거리 - 영동대교 남단교차로
독산로	구로전화국사거리 - 독산4동사거리 - 박미삼거리
독서당로	한남역 - 금남시장삼거리 - 응봉삼거리
돈화문로	돈화문삼거리 - 종로3가 - 청계3가사거리
돌곶이로	북서울꿈의숲 동문교차로 - 돌곶이역 - 석관동로터리
동부간선도로	수락산지하차도 - 청담대교 - 복정교차로(서울시 송파)
동1로	영동대교 남단 - 의정부시계(수락산지하차도) - 양주 장춘교차로
동작대로	용산가족공원 입구 - 동작대교 - 사당역사거리
동소문로	한성대입구역 - 미아리고개 - 미아삼거리
북부간선도로	종암J.C(내부순환로) - 도농I.C 제2육교(남양주시)
삼청로	경복궁사거리(동십자각) - 삼청터널
성산로	성산대교 남단 - 독립문고가서단
송파대로	잠실대교 북단 - 복정역(서울시송파)
시흥대로	대림삼거리 - 석수역(안양시)

도로명	구간
세종대로	서울역사거리 - 광화문삼거리
세검정로	홍은사거리 - 신영동삼거리(세검정)
양천로	양화교 교차로 - 개화사거리
율곡로	경복궁삼거리 - 청계6가사거리
올림픽대로	강일I.C - 행주대교 남단(고천I.C)
을지로	서울시청 앞 - 한양공고 앞 사거리
원효로	남영역사거리 - 원효로 삼성아파트 앞
양재대로	선암.C(서울시 서초) - 암사정수센터교차로
언주로	성수대교 북단 - 구룡터널사거리
영동대로	영동대교 북단 교차로 - 일원터널 사거리
종로	세종대로사거리 - 신설동역오거리
창경궁로	한성대입구 - 원남동사거리 - 퇴계로4가 교차로
천호대로	신설동역오거리 - 상일I.C 입구
청계천로	청계천광장교차로 - 신답초교 입구(동대문구)
충무로	관수교 - 명보극장사거리 - 충무로역
통일로	서울역사거리 - 홍은사거리 - 구파발역 - 임진각
퇴계로	남산육교 - 왕십리 중앙시장
테헤란로	강남역사거리 - 잠실자동차극장사거리(송파구)
한강대로	서울역사거리 - 한강대교 북단

(6) 서울특별시경찰청 및 경찰서

경찰서	위치	경찰서	위치
서울특별시경찰청	종로구 사직로 8길 31(내자동)	서울서부경찰서	은평구 진흥로 58
서울강동경찰서	강동구 성내동	서울서초경찰서	서초구 반포대로 179
서울강북경찰서	강북구 번동	서울성동경찰서	성동구 행당동
서울강서경찰서	강서구 신월동	서울성북경찰서	성북구 삼선동
서울관악경찰서	관악구 봉천동	서울송파경찰서	송파구 가락동
서울광진경찰서	광진구 구의동	서울수서경찰서	강남구 개포로 617

경찰서	위치	경찰서	위치
서울구로경찰서	구로구 구로동	서울양천경찰서	양천구 목동동로 99(신정동)
서울금천경찰서	금천구 시흥대로73길 50	서울영등포경찰서	영등포구 당산동3가 국회대로 608
서울남대문경찰서	중구 남대문로 5가	서울용산경찰서	용산구 용산로1가동
서울노원경찰서	노원구 노원로 283(하계동)	서울은평경찰서	은평구 연서로 365
서울도봉경찰서	도봉구 노해로 403	서울종로경찰서	종로구 경운동
서울동대문경찰서	동대문구 청량리동	서울종암경찰서	성북구 화랑로7길 32
서울동작경찰서	동작구 노량진동	서울중랑경찰서	중랑구 신내역로3길 40 - 10
서울마포경찰서	마포구 아현동	서울중부경찰서	중구 저동2가
서울방배경찰서	서초구 방배동	서울혜화경찰서	종로구 인의동
서울서대문경찰서	서대문구 미근동	–	–

(7) 주요기관과 소재지

소재지		주요기관
강남구	대치동	강남경찰서, 강남운전면허시험장
	도곡동	영동세브란스병원
	삼성동	강남구청, 한국도심공항, 강남교육지원청, 강남구보건소, 한국종합무역센터(코엑스), 봉은사, 선정릉(삼릉공원, 조선 왕릉), 코엑스
강남구	신사동	도산공원
	역삼동	국기원, 전국택시운송사업조합연합회, 강남차병원, 서울상공회의소 강남상공회
	일원동	삼성서울병원
	청담동	우리들병원
강동구	등촌동	중앙보훈병원
	상일동	강동경희대학교병원
	성내동	강동구청, 강동소방서, 강동경찰서
	암사동	서울암사동유적

소재지		주요기관
강북구	미아동	성북강북교육지원청
	번동	강북경찰서, 강북보건소
	수유동	강북구청, 화계사
강서구	가양동	허준박물관, 강서구립가양도서관
	방화동	한강시민공원(강서지구), 김포국제공항
	등촌동	강서우체국
	신월동	강서경찰서
강서구	외발산동	강서운전면허시험장
	화곡동	강서구청
관악구	봉천동	관악구청, 관악구보건소, 관악경찰서, 양지병원
	신림동	관악우체국, 서울대학교
광진구	구의동	광진경찰서, 동서울종합터미널
	군자동	세종대학교
	능동	어린이대공원
	자양동	광진구청, 뚝섬한강공원
	중곡동	국립정신건강센터
	화양동	건국대학교, 건국대학교병원
구로구	고척동	고척스카이돔, 구로소방서
	구로동	구로구청, 구로보건소, 구로경찰서
	항동	성공회대학교, 유한대학교
금천구	독산동	금천세무서, 금천우체국, 구로한방병원, 금천경찰서
	시흥동	금천구청, 금천구보건소
노원구	공릉동	원자력병원, 서울여자대학교, 삼육대학교, 서울과학기술대학교, 육사골프장
	상계동	도봉운전면허시험장, 노원구청, 노원구보건소
	월계동	광운대학교
	하계동	노원경찰서

소재지		주요기관
도봉구	도봉동	서울북부지방법원
	방학동	도봉구청
	쌍문동	덕성여자대학교
	창동	북부교육지원청, 노원세무서
동대문구	이문동	한국외국어대학교
	용두동	동대문구보건소
	전농동	청량리역, 동부교육지원청, 성바오로병원, 서울시립대학교
	제기동	경동시장
	청량리동	동대문경찰서, 동대문세무서, 세종대왕기념관
	회기동	경희대학교, 경희대학교병원
	휘경동	삼육서울병원
동작구	노량진동	동작경찰서, 동작구청, 동작도서관, 노량진수산시장, 사육신공원
	동작동	국립서울현충원
	사당동	서울시교통문화교육원, 총신대학교
	상도동	동작관악교육지원청, 동작구보건소, 숭실대학교
	신대방동	기상청, 보라매공원
	흑석동	중앙대학교, 중앙대학교병원
마포구	공덕동	서부지방법원, 한겨레신문
	마포동	EBS 불교방송
	망원동	망원한강공원
	상수동	홍익대학교, 국민건강보험공단(마포지사)
	상암동	서부운전면허시험장, TBS교통방송, MBC신사옥, KBS미디어센터
	성산동	마포구청, 마포구보건소, 서울월드컵경기장, 월드컵공원
	신수동	서강대학교
	아현동	마포경찰서

소재지		주요기관
서대문구	남가좌동	명지대학교
	대현동	서부교육지원청, 이화여자대학교
	미근동	서대문경찰서
	신촌동	연세대학교
	연희동	서대문구청, 서대문구보건소, 서대문소방서
	충장로2가	경기대학교(서울캠퍼스)
	현저동	독립문, 서대문형무소 역사관
서초구	반포동	국립중앙도서관, 센트럴시티터미널, 서울고속버스터미널, 서울지방조달청, 가톨릭대학교(성의교정), 서울성모병원, 반포한강시민공원
	방배동	방배경찰서
	서초동	대법원, 서울남부터미널, 서울중앙지방법원, 서초구청, 대검찰청, 국립국악원, 예술의전당, 서울교육대학교
	양재동	양재시민의 숲
	염곡동	도로교통공단 서울지사, TBN 한국교통방송, 소비자원, 현대, 기아자동차
성동구	행당동	성동광진교육지원청, 성동구청, 성동경찰서, 한양대학교, 한양대학교병원
성북구	돈암동	성신여대 돈암수정캠퍼스
	삼선동	성북경찰서, 성북구청, 한성대학교
성북구	안암동	고려대학고, 고려대학교 안암병원
	정릉동	국민대학교, 서경대학교
	하월곡동	동덕여자대학교
송파구	가락동	가락시장, 송파경찰서, 국립경찰병원
	문정동	동부지방법원
	방이동	올림픽공원, 올림픽공원체조경기장, 대한체육회
	신천동	향군회관, 국민연금공단(송파지사), 송파구청, 서울시교통회관, 한강공원광나루지구
	오륜동	한국체육대학교
	잠실동	강동송파교육지원청, 잠실종합운동장, 롯데월드, 석촌호수공원, 잠실한강공원
	풍납동	서울아산병원, 풍납토성

소재지		주요기관
양천구	목동	이대목동병원, SBS 본사, CBS 기독교방송, 서울지방식품의약품안전청
	신월동	강서양천교육지원청, 서울과학수사연구소
	신정동	양천구청, 서울출입국외국인청, 서울남부지방법원
영등포구	당산동	양천구청, 서울출입국외국인청, 서울남부지방법원
	문래동	남부교육지원청
	신길동	서울지방병무청
	여의도동	국회의사당, 국회도서관, 여의도우체국, 카톨릭대학교 여의도성모병원, 63빌딩, KBS 한국방송공사, KBS별관, 여의도공원
	영등포동	영등포역, 한강성심병원
용산구	동자동	서울역, 철도청
	보광동	한국폴리텍대학 서울정수캠퍼스
	용산동	국방부, 전쟁기념관, N서울타워, 국립중앙박물관, 용산가족공원
	원효로1가	용산경찰서
	청파동	숙명여자대학교
	한강로2가	용산전자상가
	한강로3가	용산역
	한남동	이탈리아대사관, 태국대사관, 순천향대학교서울병원
	효창동	백범기념관
은평구	녹번동	은평구청, 은평보건소
	진관동	은평소방서
종로구	경운동	종로경찰서
	관철동	보신각
종로구	내자동	서울지방경찰청
	동승동	한국방송통신대학교, 마로니에공원
	사직동	사직공원
	삼청동	감사원
	서린동	동아일보
	세종로	미국대사관, 경복궁, 세종문화회관, 정부서울청사, 국립민속박물관, 호주대사관

소재지		주요기관
종로구	수송동	종로구청, 연합뉴스, 조계사
	명륜동	성균관대학교
	신문로2가	서울특별시교육청, 서울역사박물관
	연건동	서울대학교병원
	와룡동	창경궁, 창덕궁
	인의동	혜화경찰서
	종로2가	탑골공원, 서울YMCA
	종로6가	흥인지문(동대문, 보물제1호)
	중학동	일본대사관, 멕시코대사관
	평동	강북삼성병원
	혜화동	카톨릭대학교(성신교정)
	효자동	경복궁아트홀
	효제동	중부교육지원청
	홍지동	상명대학교
중구	남대문로4가	숭례문(남대문, 국보 제1호)
	남대문로 5가	남대문경찰서, 한국일보, 독일대사관
	충무로 1가	중부세무서
	명동2가	명동성당, 중국대사관
	다동	한국관광공사 서울센터
	서소문동	서울특별시청 서초문청사, 중앙일보
	예관동	중구청
	을지로6가	국립중앙의료원
	장충동2가	장충체육관, 국립극장
	저동2가	중부경찰서, 서울백병원
	정동	경향신문, 덕수궁, 대사관(러시아, 영국, 캐나다)
	태평로1가	서울특별시청, 서울특별시의회, 조선일보
	필동3가	동국대학교
	필동1가	매일경제신문

소재지		주요기관
중구	회현동1가	남산공원 주차장
중랑구	상봉동	상봉터미널, 중랑우체국
	신내동	중랑구청, 중랑구보건소, 중랑경찰서

(8) 문화유적 및 공원

소재지	문화유적 및 공원
강남구	선릉, 정릉, 봉은사, 도산공원
강동구	암사선사유적지
강북구	4.19묘지, 북서울꿈의 숲
광진구	서울어린이대공원, 뚝섬한강공원, 아차산
동대문구	세종대왕기념관, 경동시장
동작구	국립서울현충원, 노량진수산시장, 보라매공원, 사육신공원
마포구	서울월드컵경기장, 월드컵공원, 하늘공원, 난지한강공원
서대문구	독립문, 서대문형무소역사관
서초구	예술의 전당, 양재시민의 숲, 반포한강공원, 몽마르뜨공원
성동구	서울숲
송파구	몽촌토성, 풍납토성, 롯데월드, 석촌호수, 올림픽공원
영등포구	여의도공원, 63빌딩, 선유도공원
용산구	남산서울타워, 백범기념관, 용산가족공원
종로구	경복궁, 창경궁, 창덕궁, 종묘, 국립민속박물관, 보신각, 조계사, 동대문(흥인지문, 보물 제1호), 마로니에공원, 사직공원, 경희궁공원, 탑골공원
중구	남대문(숭례문), 덕수궁, 명동성당, 장충체육관, 남산공원

(9) 외국 대사관과 소재지

소재지	대사관
서대문구	프랑스대사관
영등포구	인도네시아대사관(여의도동)
용산구	남아프리카공화국대사관, 말레이시아대사관, 벨기에대사관, 스페인대사관, 이란대사관, 이탈리아대사관, 인도대사관, 태국대사관(한남동), 사우디아라비아대사관, 필리핀대사관(이태원동)
종로구	미국대사관(세종로), 일본대사관, 멕시코대사관(중학동), 베트남대사관(삼청동), 브라질대사관(팔판동), 호주대사관(종로1가)
중구	중국대사관(명동), 영국대사관, 캐나다대사관, 러시아대사관(정동), 독일대사관(남대문로5가), 터키대사관(장충동), 프랑스문화원(봉래동), 주한EU대표부(남대문로5가)

(10) 종합병원

병원명	소재지	병원명	소재지
강남차병원	강남구 역삼동	강북삼성병원	종로구 평동
건국대병원	광진구 화양동	경희대병원	동대문구 회기동
강동경희대병원	강동구 상일동	고려대 안암병원	성북구 안암동
고려대 구로병원	구로구 구로동	국립경찰병원	송파구 가락동
대한병원	강북구 수유동	삼성서울병원	강남구 일원동
상계백병원	노원구 상계동	서울대병원	종로구 연건동
서울백병원	중구 저동	국립중앙의료원	중구 을지로6가
중앙보훈병원	강동구 둔촌동	서울성심병원	동대문구 청량리동
서울시립동부병원	동대문구 용두동	서울아산병원	송파구 풍납동
서울의료원	중랑구 신내동	삼육서울병원	동대문구 휘경동
신촌세브란스병원	서대문구 신촌동	강남세브란스병원	강남구 도곡동
순천향대서울병원	용산구 한남동	원자력병원	노원구 공릉동
을지병원	노원구 하계동	서울의료원	중랑구 신내동
서울특별시 북부병원	중랑구 망우동	이대목동병원	양천구 목동
중앙대학교병원	동작구 흑석동	가톨릭서울성모병원	서초구 반포동
한강성심병원	영등포구 영등포동	한양대학교병원	성동구 사근동

병원명	소재지	병원명	소재지
한일병원	도봉구 쌍문동	혜민병원	광진구 자양동
보라매병원	동작구 신대방동	양지병원	관악구 신림동

(11) 특급호텔

소재지(위치)		호텔 명
강남구	논현동	임피리얼팰리스호텔
강서구	삼성동	인터컨티넨탈호텔, 그랜드 인터컨티넨탈, 파르나스, 라마다서울호텔
	역삼동	노보텔 엠베서더, 르 메르디앙
	청담동	호텔리베라
광진구	광장동	그랜드워커힐호텔
마포구	도화동	베스트웨스턴 프리미어 서울가든호텔
서대문구	홍은동	그랜드힐튼호텔
서초구	반포동	쉐라톤 서울 팔래스강남 호텔, JW메리어트호텔서울
송파구	잠실동	롯데호텔월드
용산구	한남동	그랜드하얏트서울
	이태원	크라운관광호텔
	한강로3가	서울드래곤시티
중구	남대문5가	밀레니엄서울힐튼
	명동1가	서울로얄호텔
	소공동	웨스틴조선호텔
	을지로1가	프레지던트호텔, 롯데호텔서울
	장충동2가	신라호텔, 그랜드 앰베서더호텔
	충무로2가	세종호텔
	태평로1가	코리아나호텔
	태평로2가	더 플라자호텔

01 전통시장인 방산시장이 위치하고 있는 지역은?

① 종로 3가 　　　　 ② 퇴계로 7가
③ 중구 창신동 　　　 ④ 을지로 5가

02 다음 재래시장 중 청계천과 접하지 않은 시장은?

① 동대문 시장 　　　 ② 광장 시장
③ 모래내 시장 　　　 ④ 평화 시장

03 테헤란로와 인접하지 않는 지하철 역은?

① 강남역 　　　　　 ② 교대역
③ 역삼역 　　　　　 ④ 선릉역

04 숙명여자대학교 인근에 있는 공원의 이름은 무엇인가?

① 효창공원 　　　　 ② 올림픽공원
③ 낙산공원 　　　　 ④ 도산공원

05 프랑스 대사관은 어느 행정구에 위치해 있나?

① 서대문구 　　　　 ② 종로구
③ 용산구 　　　　　 ④ 마포구

06 탑골공원과 인접한 인사동은 어느 구에 있는가?

① 중구 　　　　　　 ② 종로구
③ 영등포구 　　　　 ④ 마포구

07 성수사거리에서 동일로를 따라 영동대교를 건너면 어떤 도로와 만나게 되는가?

① 강남대로 　　　　 ② 도산대로
③ 동작대로 　　　　 ④ 테헤란로

08 성수대교 북단에서 왕십리역과 경동시장으로 연결되는 도로는?

① 답십로 　　　　　 ② 왕십리로
③ 고산자로 　　　　 ④ 독서당로

09 다음 중 공원 길과 소재지가 잘못 연결된 것은?

① 경리단길 - 이촌동
② 거리공원 - 구로동
③ 가로수길 - 신사동
④ 몽마르뜨공원 - 서초동

10 마포고등학교가 위치한 곳은?

① 중구 장충동 　　　 ② 용산구 주성동
③ 마포구 도화동 　　 ④ 강서구 등촌3동

11 중국대사관이 소재한 곳은?

① 중구 명동 　　　　 ② 종로구 경원동
③ 서대문구 홍은동 　 ④ 용산구 한남동

12 광림교회가 있는 곳은?

① 동대문구 신설동 　 ② 동묘앞역 옆
③ 청량리역 앞 　　　 ④ 강남구 압구정동

| 📖 정답 | 01 ④ 02 ③ 03 ② 04 ① 05 ① 06 ② 07 ② 08 ③ 09 ① 10 ④ 11 ① 12 ④

13 원자력병원이 위치한 행정구는?

① 동대문구   ② 노원구

③ 종로구   ④ 은평구

14 강남구 테헤란로에 소재한 삼성전자 서초사옥에서 가장 가까운 전철역은?

① 청량리역   ② 역삼역

③ 삼성역   ④ 강남역

15 프랑스 문화원이 소재한 구는?

① 서대문구   ② 중구

③ 구로구   ④ 강남구

16 한양대학교 병원의 위치는?

① 동대문구 휘경동   ② 노원구 월계동

③ 성동구 사근동   ④ 종로구 인사동

17 홍익대학교 서울캠퍼스의 위치는?

① 마포구 도화동   ② 마포구 성수동

③ 종로구 연건동   ④ 종로구 이화동

18 건국대학교 서울캠퍼스의 위치는?

① 광진구 능동로   ② 중구 퇴계로

③ 구로구 부일로   ④ 종로구 혜화로

19 연세중앙교회가 있는 곳은?

① 구로구 궁동   ② 구로구 온수동

③ 중구 장충동   ④ 서대문구 녹번동

20 사찰 봉은사가 있는 곳은?

① 강남구 삼성동   ② 동대문구 회기동

③ 중구 필동   ④ 성동구 행당동

21 서울특별시청은 어디에 위치하는가?

① 종로구 신문로   ② 중구 회현동

③ 중구 태평로   ④ 종로구 사직동

22 종각(종로구 종로2가) 부근에 소재한 것은?

① 서울YMCA   ② 창덕궁

③ KAL 빌딩   ④ 덕수궁

23 강남운전면허시험장은 지하철 2호선 어느 역 부근에 있는가?

① 삼성역   ② 강남역

③ 교대역   ④ 선릉역

24 특급호텔 중 강남구에 위치한 호텔은?

① 신라호텔   ② 롯데호텔월드

③ 웨스틴조선호텔   ④ 라마다서울호텔

25 성북구 안암동에 소재한 대학교는?

① 한양대학교   ② 고려대학교

③ 동국대학교   ④ 광운대학교

26 홍익대학교가 위치한 곳은?

① 종로구 인사동   ② 중구 광희동

③ 동대문구 창신동   ④ 마포구 상수동

| 📖 정답 | 13 ② 14 ④ 15 ② 16 ③ 17 ② 18 ① 19 ① 20 ① 21 ③ 22 ① 23 ① 24 ④ 25 ② 26 ④

27 서울월드컵경기장의 소재지는?

① 마포구 월드컵로(성산동)

② 은평구 구산동

③ 서대문구 홍은동

④ 용산구 이태원동

28 종로구와 은평구가 연결되는 터널은?

① 우면산터널　　　② 남산3호터널

③ 구기터널　　　④ 삼청터널

29 다음 중 광화문 근처에 위치하지 않는 것은?

① 세종회관　　　② 정부종합청사

③ 미국대사관　　　④ 금융감독원

30 강남구 삼성동에 소재한 것은?

① 서울도심공항　　　② 강남경찰서

③ 백제대학교　　　④ 강남차병원

31 영등포구 여의도동에 소재하지 않는 곳은?

① 63빌딩　　　② 국회의사당

③ 한국방송공사(KBS)　④ 금융연수원

32 종로구 북촌로(삼청동)에 소재한 것은?

① 감사원　　　② 정부서울청사

③ 세종문화회관　　　④ 서울경찰청

33 중앙보훈병원이 위치한 곳은?

① 양천구 신월동　　　② 강동구 둔촌동

③ 동대문구 제기동　　　④ 중구 명동

34 광화문에서 서울시청과 남대문으로 연결되는 도로는?

① 율곡로　　　② 퇴계로

③ 남대문로　　　④ 세종대로

35 조계종이 위치한 곳은?

① 종로구 견지동　　　② 중구 장충동

③ 동대문구 창신동　　　④ 중구 명동

36 강서구 가양동에서 상암월드컵경기장을 가기 위해 건너야 하는 한강대교는?

① 반포대교　　　② 가양대교

③ 김포대교　　　④ 한남대교

37 다음 중 성북구에 소재한 대학이 아닌 학교는?

① 광운대학교　　　② 국민대학교

③ 동덕여자대학교　　　④ 한성대학교

38 다음 중 종로구 대학로 인근에 소재하지 않은 것은?

① 서울대학교병원

② 한국방송통신대학교 대학본부

③ 혜화 지하철역

④ 종로경찰서

39 미국대사관의 소재지는?

① 종로구 세종대로 188

② 중구 장충로 23

③ 용산구 한남로 97

④ 서대문구 홍는로 188

40 한약재의 시장이라고 하는 경동시장이 위치한 곳은?

① 금천구 독산동 　　② 동작구 신림동
③ 동대문구 흑석동 　　④ 동대문구 제기동

41 강남과 동일로를 연결하는 다리는?

① 영동대교 　　　　② 청담대교
③ 올림픽대교 　　　④ 잠실대교

42 서울특별시 중구 장충동에 위치한 곳은?

① 보신각(종각) 　　② 숭례문
③ 신라호텔 　　　　④ 예술의 전당

43 서울 남부구치소가 위치한 곳은?

① 구로구 금오로(천왕동)
② 구로구 경인로(고척동)
③ 금천구 시흥대로(독산동)
④ 금천구 시흥대로(시흥동)

44 뱅뱅사거리기 위치한 소제지는?

① 서초구 서초동 　　② 송파구 풍납동
③ 강서구 외발산동 　④ 용산구 보광동

45 성균관대학교의 소재지는?

① 성북구 성북동 　　② 관악구 신림동
③ 서대문구 신사동 　④ 종로구 명륜동

46 한남동에서 옥수동과 응봉동으로 연결되는 도로는?

① 언주로 　　　　　② 노들로
③ 부일로 　　　　　④ 독서당로

47 건국대학교 위치는?

① 광진구 화양동 　　② 광진구 자양동
③ 성동구 성수동 　　④ 성동구 송정동

48 우리나라 보물 1호의 명칭과 위치한 곳의 연결이 올바른 것은?

① 창경궁 - 종로구
② 시구문 - 중구
③ 동대문(흥인지문) - 종로구
④ 독립문 - 서대문구

49 우리나라 국보 1호의 명칭과 위치한 곳을 올바르게 연결한 것은?

① 남대문(숭례문) - 중구
② 경복궁 - 종로구
③ 동대문(흥인지문) - 종로구
④ 독립문 - 서대문구

50 강남구 지하철 삼성역 부근에 위치하지 않는 곳은?

① 강남운전면허시험장
② 강남경찰서
③ 현대아산중앙병원
④ 코엑스몰

| 📖 정답 | 40 ④ 41 ① 42 ③ 43 ① 44 ① 45 ④ 46 ④ 47 ① 48 ③ 49 ① 50 ③

교통관련법규 여객자동차운수사업법 안전운행 운송 서비스 응급조치와 실패소생법 지리 모의고사

51 TBS 교통방송이 위치한 곳은?

① 중구 쌍림동

② 서대문구 성수동

③ 종로구 세종대로

④ 마포구 상암동

52 장충체육관, 국립극장, 신라호텔이 위치한 곳은?

① 영등포구 여의도동

② 중구 장충동

③ 종로구 신문로2가

④ 구로구 온수동

53 예술의전당이 소재한 위치는?

① 서초구 반포동

② 서초구 서초동

③ 서초구 잠원동

④ 서초구 방배동

54 다음 중 국립의료원의 위치는?

① 중구 회현동

② 중구 을지로 6가

③ 서초구 서초동

④ 동대문역 앞

55 국립극장이 위치한 곳은?

① 중구 장충동2가

② 서초구 서초동

③ 종로구 안국동

④ 종로구 태평로

56 예술의 전당이 위치한 소재지는?

① 서초구 남부순환로(서초동)

② 강남구 테헤란로

③ 중구 초동

④ 종로구 태평로

57 지하철 3개 노선을 환승할 수 없는 지하철역은?

① 신도림역

② 왕십리역

③ 문화공원역

④ 종로3가역

58 종합병원이 위치한 소재지의 연결이 잘못된 것은?

① 삼성서울병원 - 강남구(일원동)

② 서울아산병원 - 송파구(풍납동)

③ 서울대학교병원 - 종로구(연건동)

④ 서울성모병원 - 구로구(오류동)

59 기상청이 위치한 소재지는?

① 마포구 망원동

② 서대문구 현저동

③ 강북구 미아동

④ 동작구 신대방동

60 인사동 주변에 위치하지 않는 곳은?

① 예술회관

② 탑골공원

③ YMCA

④ 낙원상가

61 무역회관의 위치한 소재지는?

① 강남구 삼성동

② 강동구 길동

③ 강서구 가양동

④ 송파구 신천동

62 국립서울현충원(국립묘지)은 어느 곳에 위치해 있는가?

① 동작구 현충로(동작동)

② 동작구 신대방동

③ 강북구 수유동

④ 중구 회현동

63 기독교방송국(CBS)의 위치는?

① 종로구 연건동　　② 동대문구 창신동

③ 종로구 견지동　　④ 양천구 목동

64 금화터널과 연세대학교를 지나는 도로명은?

① 을지로　　　　　② 금호로

③ 성산로　　　　　④ 태평로

65 서울삼육병원이 위치한 소재지는?

① 마포구 공덕동　　② 종로구 동숭동

③ 영등포구 당산동　④ 동대문구 휘경동

66 몽촌토성은 한강의 어느 대교 남단에 위치하고 있나?

① 한남대교　　　　② 잠실대교

③ 올림픽대로　　　④ 광진대교

67 다음 중 도봉구에 위치한 기관은?

① 노원세무서　　　② 금융감독원

③ 중국 대사관　　　④ 법무부

68 호남선 KTX를 타려는 승객은 어느 역으로 가야 하는가?

① 강남역　　　　　② 남영역

③ 수서역　　　　　④ 용산역

69 서울시 동부지역에 위치한 동서울종합터미널의 소재지는?

① 성동구 마장동　　② 중량구 상봉동

③ 광진구 구의동　　④ 남대문구 회현동

70 중구 소재 명동성당 부근에 있는 호텔은?

① 로얄 호텔　　　　② 리베라 호텔

③ 신라 호텔　　　　④ 인터내셔날 호텔

71 마곡동은 어느 구에 속하나?

① 서대문구　　　　② 양천구

③ 강서구　　　　　④ 강동구

72 용산가족공원 앞의 도로명은 무엇인가?

① 용산대로　　　　② 서빙고로

③ 율곡대로　　　　④ 태평대로

73 서울 남부지방법원이 소재한 곳은?

① 양천구 신정동　　② 서초구 서초동

③ 종로구 태평동　　④ 성북구 삼선동

74 강서농수산도매시장이 위치하고 있는 곳은?

① 강서구 발산로 24(외발산동)

② 강서구 서구로 56(서구동)

③ 강서구 화곡로 302(화곡동)

④ 노량진구 노량진동

75 다음 중 신사동이 없는 구는?

① 강남구　　　　　② 은평구

③ 구로구　　　　　④ 관악구

┃ 📖 정답 ┃ 63 ④　64 ③　65 ④　66 ③　67 ①　68 ④　69 ③　70 ①　71 ③　72 ②　73 ①　74 ①　75 ③

제2장　인천광역시

인천광역시는 한반도 중서부, 남한 최북서단에 위치하며, 서울특별시, 경기도와 함께 수도권을 형성하는 대한민국의 광역자치단체로서 인천국제공항과 인천항국제여객터미널이 위치하여 대한민국을 찾는 외국인 여행객 대부분이 가장 먼저 발을 딛는 대한민국의 관문, 그 중에서도 대문과 같은 곳으로 삼국시대에는 미추홀(彌鄒忽), 매소홀(買召忽)로 불리였다.

(1) 인천광역시의 상징

휘장	
면적	1,047㎢(2021.12 기준)
인구	2,960,097명(2022.9 기준)
시의 꽃	장미
시의 나무	목백합
시의 새	두루미

(2) 행정구역

인천은 1995년 1월 1일 광역시가 되어 인천광역시의 행정구역은 중구(中區), 동구(東區), 미추홀구(彌鄒忽區), 연수구(延壽區), 남동구(南洞區), 부평구(富平區),계양구(桂陽區), 서구(西區), 강화군(江華郡), 옹진군(甕津郡) 등 8개의 구와 2개의 군이 있다.

강화군

서구　계양구

중구　동구　부평구

중구　남구　남동구

연수구

옹진군

자치구·군		관할 구역
중구	11개동	신포동, 연안동, 신흥동, 도원동, 율목동, 동인천동, 개항동, 영종동, 영종1동, 운서동, 용유동
동구	11개동	만석동, 화수1·화평동, 화수2동, 송현1동, 송현3동, 송림1동, 송림2동, 송림3동, 송림4동, 송림6동, 금창동
미추홀구	21개동	숭의1동, 숭의2동, 숭의4동, 용현1동, 용현2동, 용현3동, 용현5동, 학익1동, 학익2동, 도화1동, 도화2동, 주안1동, 주안2동, 주안3동, 주안4동, 주안5동, 주안6동, 주안7동, 주안8동, 관교동, 문학동
부평구	22개동	부평1동, 부평2동, 부평3동, 부평4동, 부평5동, 부평6동, 산곡1동, 산곡2동, 산곡3동, 산곡4동, 청천1동, 청천2동, 갈산1동, 갈산2동, 삼산1동, 삼산2동, 부개1동, 부개2동, 부개3동, 일신동, 십정1동, 십정2동
연수구	15개동	옥련1동, 옥련2동, 선학동, 연수1동, 연수2동, 연수3동, 청학동, 동춘1동, 동춘2동, 동춘3동, 송도1동, 송도2동, 송도3동, 송도4동, 송도5동
남동구	20개동	구월1동, 구월2동, 구월3동, 구월4동, 간석1동, 간석2동, 간석3동, 간석4동, 만수1동, 만수2동, 만수3동, 만수4동, 만수5동, 만수6동, 장수서창동, 서창2동, 남촌도림동, 논현1동, 논현2동, 논현고잔동
계양구	12개동	효성1동, 효성2동, 계산1동, 계산2동, 계산3동, 계산4동, 작전1동, 작전2동, 작전·서운동, 계양1동, 계양2동, 계양3동, 동양동
서구	23개동	검암경서동, 연희동, 청라1동, 청라2동, 청라3동, 가정1동, 가정2동, 가정3동, 신현원창동, 석남1동, 석남2동, 석남3동, 가좌1동, 가좌2동, 가좌3동, 가좌4동, 검단동, 불로대곡동, 원당동, 당하동, 오류왕길동, 마전동, 아라동
강화군	12개면	강화읍, 선원면, 불은면, 길상면, 화도면, 양도면, 내가면, 하점면, 양사면, 송해면, 교동면, 삼산면, 서도면
옹진군	7개면	북도면, 연평면, 백령면, 대청면, 덕적면, 자월면, 영흥면

(3) 지형

인천의 산지는 마니산(469m)과 계양산(395m), 삼각산(343m) 등 10여개의 산을 제외하고는 해발 300m이내의 구릉성 산지이며 한강으로 유입하는 하천은 굴포천, 청천천, 계산천 등이 있고, 황해로 유입하는 하천으로는 북쪽의 시천천, 공촌천과 남쪽의 승기천, 만수천, 장수천, 운연천 등이 있으며, 굴포천(11.5㎞)을 제외하면 승기천(6.2㎞), 검단천(6.74㎞) 등 대부분 하천 연장이 10㎞ 미만이다. 인천의 해안은 해안선이 길고 복잡하며 섬이 많다. 인천에는 모두 168개의 섬이 있으며, 이중 128개 섬은 사람이 살지 않는 무인도이다.

(4) 인천의 변화

인천항의 확장과 인천지하철의 개통(1999.10), 인천국제공항의 개항(2001.3), 공유수면의 매립과 각종 산업·물류단지의 조성, 관광·레저단지와 새로운 주거단지의 건설, 고속화도로의 확대, 교육·문화시설의 증대, 송도신도시 개발과 경제자유구역청의 개청(2003.10), 인천대교개통(2009.10), 청라·영종지구개발 및 도시재생사업, 2014아시안게임 성공 개최 등 인천은 지금도 개발과 성장을 지속하고 있다.

(5) 주요관공서 및 공기관 위치

소재지		공공기관
계양구	계산동	계양구청, 계양경찰서, 계양구보건소, 고용노동부 인천북부지청, 경인교육대학교, 경인여자대학교, 인천교통연수원
	작전동	북인천세무서, 한림병원, 세종병원
미추홀구	관교동	인천종합터미널, 롯데백화점
	도화동	인천보훈지청, 인천대학교(제물포캠퍼스), 청운대학교(인천캠퍼스)
	문학동	인천문학경기장
	숭의동	미추홀구청
	용현동	옹진군청, 인하대학교
	학익동	인천지방법원, 인천지방검찰청, 인천미추홀경찰서, 인하공업전문대학, 경인방송, TBN 경인교통방송
남동구	간석동	인천교통공사, 인천교통정보센터
	고잔동	인천운전면허시험장
	구월동	인천광역시청, 인천광역시교육청, 인천지방경찰청, 인천문화예술회관, 남동경찰서, 가천의과학대학교 길병원, 구월농산물도매시장, 인천광역시택시운송사업조합
	논현동	소래포구, 인천상공회의소
	만수동	남동구청, 인천시 동부교육지원청
	장수동	인천대공원
동구	송림동	동구청, 인천광역시의료원, 인천백병원, 재능대학교

소재지		공공기관
부평구	구산동	안전보건공단 인천지역본부, 근로복지공단 인천병원
	부평동	부평구청, 인천북부교육지원청, 부평공원, 부평역, 인천가족공원
	삼산동	삼산경찰서, 부평역사박물관, 삼산월드체육관
	청천동	부평경찰서
서구	청라동	청라국제도시, 청라중앙호수공원
	공촌동	서부교육지원청
	심곡동	서구청, 서부경찰서, 인천광역시 인재개발원
	연희동	인천아시아드주경기장
연수구	동춘동	연수구청, 동춘역(인천1호선)
	송도동	중부지방해양경찰청, 인천대학교(송도캠퍼스), 연세대학교(국제캠퍼스), 센트럴파크
연수구	연수동	연수경찰서, 인천적십자병원, 가천대학교(메디컬캠퍼스), 원인재역
	옥련동	인천해양경찰서, 인천광역시립박물관, 아암도해안공원, 능허대공원, 인천상륙작전기념관
중구	관동	중구청
	북성동	월미테마파크, 마이랜드, 인천차이나타운, 북성포구
	신흥동	인천항만공사, 인천중구문화원, 인하대병원
	송월동	송월동동화마을
	송학동	남부교육지원청, 자유공원
	운서동	인천국제공항경찰단, 인천국제공항공사
	율목동	인천기독병원
	전동	인천기상대
	항동	중부경찰서, 인천지방해양수산청, 국립인천검역소, 인천출입국외국인청, 인천항 제1,2국제여객터미널

소재지		공공기관
강화군	강화읍 관청리	강화군청, 강화경찰서
	길상면 신두리	강화로얄워터파크
	길상면 온수리	전등사(보물178호)
	삼산면 매음리	보문사
	불은면 삼성리	강화교육지원청, 안양대학교(강화캠퍼스)
	양도면 도장리	인천가톨릭대학교(강화캠퍼스)
	길상면	초지리, 삼랑성
	화도면	마니산 동박해변(동박리)
	하점면	고려산

(6) 종합병원

병원명	소재지	병원명	소재지
근로복지공단 인천병원	부평구 구산동	나은병원	서구 가좌동
인천적십자병원	연수구 연수동	인천성모병원	부평구 부평동
인천광역시의료원	동구 송림동	부평세림병원	부평구 청천동
인하대병원	중구 신흥동	메디플렉스세종병원	계양구 작전동
가천의대 길병원	남동구 구월동	현대유비스병원	미추홀구 숭의동
한마음병원	계양구 작전동	인천기독병원	중국 율목동
온누리병원	서구 왕길동	나사렛국제병원	연수구 동춘동
인천사랑병원	미추홀구 주안동	-	-

(7) 대학교

대학교 명	소재지
경인교육대학교	계양구 계산동
가천대학교(메디컬캠퍼스)	연수구 연수동
인하대학교	미추홀구 용현동
인천대학교(송도캠퍼스)	연수구 송도동
인천대학교(제물포캠퍼스)	미추홀구 도화동

인천대학교(미추홀캠퍼스)	연수구 송도동
연세대학교(국제캠퍼스)	연수구 송도동
인하공업전문대학	미추홀구 학익동
한국방송통신대학교(인천지역대학)	남동구 구월동
인천가톨릭대학교(송도국제캠퍼스)	연수구 송도동
경인여자대학교	계양구 계산동
인천재능대학교	동구 송림동
한국폴리텍대학(인천캠퍼스)	부평구 구산동
한국폴리텍대학(남인천캠퍼스)	미추홀구 주안동

(8) 주요 호텔 소재지

위치		호텔 명
계양구	작전동	반도호텔 호텔카리스
	게산동	캐피탈관광호텔
남동구	간석동	베스트웨스턴 인천로얄호텔
	논현동	라마다 인천호텔
미추홀구	주안동	더바스텔
중구	북성동	호텔 월미도, 베니키아 월미도 더 블리스 호텔
중구	항동	올림포스호텔, 베스트웨스턴 하버파크호텔
	운서동	그랜드하얏트 인천호텔, 에어스테이호텔, 더호텔영종, 네스트호텔, 호텔휴 인천에어포트, 인천 파라다이스 시티호텔, 베스트웨스턴 프리미어 인천 에어포트호텔
	을왕동	인천공항비치호텔, 위너스관광호텔, 영스카이리조트
연수구	동춘동	라마다송도호텔
	송도동	쉐라톤그랜드 인천호텔, 홀리데이인 인천 송도호텔, 오라카이 송도파크호텔
강화군	길상면	강화로얄워터파크 유스호스텔

(9) 주요 도로명

도로명	구간
경인로	숭의로터리 ~ 서울교 교차로
경원대로	부평굴다리오거리 ~ 송도신도시
계양대로	계산삼거리 ~ 부평I.C
남동대로	간석오거리 ~ 남동공단 ~ 아암로
미추홀대로	주안역삼거리 ~ 동춘지하차도
부평대로	부평역 ~ 부평I.C
서해대로	유동삼거리 ~ 송현사거리
인하로	구월동 ~ 용현동
주안로	도화초교사거리 ~ 중앙공원인근

01 다음 중 남동구 구월동에 위치한 것이 아닌 것은?

① 인천시교육청   ② 인천문화예술회관
③ 농수산물도매시장   ④ 인천교통공사

02 다음 중 남동구 만수동에 위치한 기관은?

① 남동구청   ② 인천관광공사
③ 인천광역시청   ④ 중부고용노동청

03 안전보건공단 인천지역본부가 소재한 곳은?

① 부평구 갈산동   ② 부평구 구산동
③ 서구 심곡동   ④ 미추홀구 주안동

04 동구 송림동에 위치하는 것은?

① 인천재능대학교   ② 인천지방법원
③ 인천교통공사   ④ 인천교통연수원

05 배다리 청과시장과 배다리 사거리와 가장 가까운 경인선 전철역 이름은?

① 계산역   ② 동인천역
③ 가좌역   ④ 굴천역

06 백령도가 속해 있는 행정구역은?

① 중구   ② 재물포구
③ 강화군   ④ 옹진군

07 인천대교는 인천서구 경서동에서 어느 방향과 연결되나?

① 영종도   ② 실미도
③ 강화군   ④ 작약도

08 부개사거리 - 부평사거리 - 간석오거리 - 남인천우체국 - 제물포역을 잇는 도로명은?

① 경인로   ② 경명대로
③ 부평대로   ④ 송내대로

09 미추홀구의 북서부에 위치한 도화초교사거리와 중앙공원을 잇는 도로의 도로명은?

① 중동대로   ② 주안로
③ 계양대로   ④ 경인로

10 강화군청이 위치한 소재지는?

① 강화읍   ② 삼산면
③ 길상면   ④ 화도면

11 강화군 관할에 포함되지 않는 섬은?

① 교동도   ② 석모도
③ 주문도   ④ 실미도

12 북부교육지원청이 소재한 행정동은?

① 중구 을왕동   ② 부평구 부평동
③ 서구 석남동   ④ 연수구 송도동

| 📖 정답 | 01 ④ 02 ① 03 ② 04 ① 05 ② 06 ④ 07 ① 08 ① 09 ② 10 ① 11 ④ 12 ②

13 다음 중 옹진군청이 있는 소재한 곳은?

① 계양구 계산동　　② 미추홀구 용현동

③ 옹진군 길상면　　④ 강화군 화도면

14 2,500평 규모의 실내 어린이 놀이교육체험관, 어린이 카트 레이싱존, 영유아존, 해적놀이터, 역할놀이존 등이 있는 월미테마파크가 위치한 곳은?

① 북성동 1가　　② 만수 6동

③ 동양동　　　　④ 중구 신흥동

15 인천지방검찰청이 위치한 곳은?

① 남동구 구월동　　② 미추홀구 학익동

③ 부평구 청천동　　④ 중구 송월동

16 인천광역시 인천세무서가 소재한 곳은?

① 동구 창영동　　② 서구 공촌동

③ 부평구 갈산동　　④ 미추홀구 주안동

17 인천에 소재한 도로교통공단 인천지부가 있는 곳은?

① 연수구 옥련동　　② 서구 심곡동

③ 남동구 만수동　　④ 미추홀구 주안동

18 인천광역시 연수구 동춘동 외암도사거리와 부평구 부평동 굴다리오거리를 잇는 도로이름은?

① 계양대로　　　② 경원대로

③ 남동대로　　　④ 미추홀대로

19 다음 중 동구에 위치하는 것은?

① 작약도

② 월미공원

③ 인천상륙작전기념관

④ 인천향교

20 강화군에 소재한 사찰이 아닌 것은?

① 정수사　　　② 전등사

③ 보문사　　　④ 청룡사

21 김포시와 강화군이 연결되는 교량은?

① 김포대교　　② 초지대교

③ 가양대교　　④ 일산대교

22 인천광역시청이 소재한 지역은?

① 미추홀구 도화동　　② 남동구 논현동

③ 중구 운서동　　　　④ 남동구 구월동

23 동부교육지원청이 위치한 곳은?

① 미추홀구 도화동　　② 중구 항동

③ 남동구 만수동　　　④ 연수구 송도동

24 경인여자대학교가 위치한 곳은?

① 미추홀구 숭의동　　② 계양구 계산동

③ 연수구 동춘동　　　④ 서구 가좌동

25 다음 중 경찰서와 소재지가 잘못 연결된 것은?

① 삼산경찰서 - 부평구

② 서부경찰서 - 서구

③ 중부경찰서 - 중구

④ 인천해양경찰서 - 남동구

26 인천종합터미널이 위치하고 잇는 곳은 어느 곳인가?

① 연수구 송도동　　② 미추홀구 관교동

③ 중구 항동　　　　④ 남동구 구월동

27 경인교통방송국(TBN)이 소재한 곳은?

① 연수구 옥련동　　② 미추홀구 학익동

③ 남동구 논현동　　④ 계양구 계산동

28 다음 중 인천국제공항 인근에 위치한 호텔이 아닌 것은?

① 그랜드하얏트 호텔

② 네스트호텔

③ 라마다 인천 호텔

④ 파라다이스 시티 호텔

29 인천광역시 주요 도로망을 올바르게 나열한 것이 아닌 것은?

① 경원대로 : 부평굴다리 오거리 ~ 송도신도시

② 서해대로 : 유동삼거리 ~ 송현사거리

③ 남동대로 : 간석오거리 ~ 남동공단 ~ 아암로

④ 미추홀대로 : 주안삼거리 ~ 부평역

30 다음 중 인천시 미추홀구 도화동에 위치하지 않는 것은?

① 청운대학교 인천캠퍼스

② 인천대학교 제물포캠퍼스

③ 제물포역

④ 가천의과대학 길병원

31 다음 대학 중 미추홀구 용현동에 소재한 학교는?

① 인하대학교　　　② 인천대학교

③ 인천재능대학교　④ 경인교육대학교

32 인천대학교 미추홀캠퍼스가 위치하는 곳은?

① 미추홀구 용현동　② 연수구 송도동

③ 연수구 연수동　　④ 남동구 만수동

33 인하대병원이 위치한 곳은?

① 중구 신흥동　　　② 계양구 계산동

③ 계양구 계산동　　④ 연수구 송도동

34 영종도와 송도 신도시를 잇는 다리는?

① 인천대교　　　　② 영종대교

③ 초지대교　　　　④ 강화대교

35 계양구 계산동에 위치한 교육기관이 아닌 것은?

① 경인교육대학교

② 가천대학교 메디컬캠퍼스

③ 경인여자대학교

④ 인천교통연수원

| 📖 정답 | 25 ④　26 ②　27 ②　28 ③　29 ④　30 ③　31 ①　32 ②　33 ①　34 ①　35 ②

36 계산동에 소재하고 있는 인천교통연수원 앞의 도로명은?

① 남동대로　　　　② 계산대로
③ 계양대로　　　　④ 경명대로

37 계양구 효서로 244에 소재한 북인천세무서가 위치한 동 이름은?

① 가좌동　　　　② 서창동
③ 작전동　　　　④ 동양동

38 인천광역시 연수구청이 위치한 행정동은?

① 연수동　　　　② 옥련동
③ 동춘동　　　　④ 창영동

39 다음 중 연수구에 위치하지 않는 것은?

① 원인재　　　　　② 인천문화예술회관
③ 인천적십자병원　④ 세라톤그랜드호텔

40 다음 중 연수구 동춘동에 소재하고 있는 것은?

① 인천상륙작전기념관② 능허대공원
③ 송도해수욕장　　　④ 연수구청

41 인천광역시 미추홀구 문학동의 문학사거리와 연수구 청학동의 청학사거리 사이에 위치한 터널의 이름은?

① 만월산터널　　　② 문학터널
③ 만덕터널　　　　④ 만수터널

42 인천광역시 서구 석남동과 부평구 산곡동을 연결하는 터널의 이름은?

① 동춘터널　　　　② 원적산터널
③ 만덕터널　　　　④ 만월산터널

43 인천광역시 부평구 부평6동과 남동구 간석3동을 연결하는 길이 1.5km의 터널의 명칭은?

① 만월산터널　　　② 원적산터널
③ 만덕터널　　　　④ 동춘터널

44 문학IC에서 송도 신도시 방향으로 길게 뻗어 있는 길에 있는 터널 이름은?

① 만월산터널　　　② 원적산터널
③ 계양터널　　　　④ 동춘터널

45 청라국제도시 방면에서 영종도로 연결되는 고속도로는?

① 인천국제공항고속도로
② 서울외곽순환고속도로
③ 경인고속도로
④ 제2경인고속도로

46 다음 대학교 중 미추홀구에 위치하지 않는 학교는?

① 인천가톨릭대학교　② 인하대학교
③ 인하공업전문대학　④ 인천대학교 제물포캠퍼스

47 다음 중 미추홀구에 소재하지 않는 병원은?

① 인천사랑병원　　　② 인천보훈병원
③ 현대유비스병원　　④ 한림병원

| 📖 정답 | 36 ④　37 ③　38 ③　39 ②　40 ④　41 ②　42 ②　43 ①　44 ④　45 ①　46 ①　47 ④

48 미추홀구 학익동에 위치하는 것은?

① 경인방송
② 미추홀구청
③ 인천문화예술회관
④ 인하대학교

49 남인천세무서가 위치하고 있는 지역은?

① 남동구 구월동
② 계양구 동양동
③ 남동구 서창동
④ 연수구 동춘동

50 다음 중 남동구에 소재하지 않는 기관은?

① 남인천세무서
② 길병원
③ 인천대공원
④ 차이나 타운

51 남동구 고잔동에 위치하는 것은?

① 인천운전면허시험장
② 인천가톨릭대학교
③ 인천대공원
④ 인천세관

52 인천광역시 부평구에 소재하지 않는 동은?

① 만수동
② 구산동
③ 삼산동
④ 청천동

53 다음 중 부평구에 위치하지 않는 것은?

① 인천북부교육지원청
② 삼산경찰서
③ 인천성모병원
④ 소래포구

54 부평경찰서가 위치하고 있는 행정동은?

① 갈산동
② 청천동
③ 가좌동
④ 부개동

55 부평역에서 부평I.C로 연결되는 도로명은?

① 동수로
② 장제로
③ 부평로
④ 만덕로

56 인천국제공항 방향으로 진출입이 가능한 북인천 인터체인지가 위치하는 행정구역은?

① 서구 경서동
② 남동구 논현동
③ 계양구 계산동
④ 미추홀구 문학동

57 근로복지공단 인천병원이 위치한 곳은?

① 용현동
② 신흥동
③ 구산동
④ 숭의동

58 6.25전쟁 당시 유엔군으로 참전한 콜롬비아군 참전기념비가 소재한 곳은?

① 서구 심곡동
② 서구 연희동
③ 서구 경서동
④ 서구 가좌동

59 인천광역시 인재개발원이 소재한 곳은?

① 부평구 갈산동
② 남동구 만수동
③ 서구 심곡동
④ 중구 운서동

| 📖 정답 | 48 ① 49 ① 50 ④ 51 ① 52 ① 53 ④ 54 ② 55 ③ 56 ① 57 ③ 58 ② 59 ③

60 영종대교를 건너기 위해 진입해야 하는 IC는?

① 서인천인터체인지　② 북인천인터체인지
③ 부평인터체인지　④ 문학인터체인지

61 인천국제공항이 위치한 곳은?

① 중구 운서동　② 미추홀구 숭의동
③ 남동구 서창동　④ 강화군 강화읍

62 인천광역시에 위치한 섬이 아닌 것은?

① 제부도　② 석모도
③ 백령도　④ 작약도

63 인천광역시의 행정구역에 포함되지 않는 곳은?

① 대청도　② 영종도
③ 초지교　④ 오이도

64 인천서부소방서가 위치하는 곳은?

① 관교동　② 작전동
③ 심곡동　④ 구월동

65 인천광역시 교육청이 위치하는 곳은?

① 남동구 논현동　② 중구 북성동
③ 남동구 구월동　④ 중구 을왕동

66 인천상륙작전기념관이 위치한 곳은?

① 연수구 연수동　② 연수구 옥련동
③ 연수구 등촌동　④ 연수구 송도동

67 사찰로 보물 제178호로 지정된 전등사가 위치하고 있는 지역은?

① 강화군 화도면　② 강화군 양도면
③ 강화군 길상면　④ 강화군 삼산면

68 다음 중 소재지의 연결이 올바르지 않은 것은?

① 인천광역시의료원 - 송림동
② 인천문학경기장 - 문학동
③ 가천의과대학 길병원 - 구월동
④ 인천대공원 - 숭의동

69 다음 중 경찰서와 소재지의 연결이 올바르지 않은 것은?

① 중부경찰서 - 항동
② 삼산경찰서 - 삼산동
③ 계양경찰서 - 계산동
④ 서부경찰서 - 용현동

70 인천광역시 차이나타운이 있는 곳은?

① 남동구 논현동　② 중구 북성동
③ 계양구 동양동　④ 연수고 송도동

71 인천광역시 선거관리위원회의 소재지는 어느 곳인가?

① 미추홀구 도화동　② 연수구 송도동
③ 중구 항동　④ 남동구 간석동

72 한국교통안전공단 서인천자동차검사소(정밀검사장)이 위치한 곳은?

① 미추홀구 도화동　② 부평구 삼산동
③ 서구 중봉대로　④ 서구 심곡동

73 주안역에서 문학터널을 지나 송도로 연결되는 노로는?

① 미추홀대로   ② 서해대로
③ 부평대로   ④ 남동대로

74 인천중부경찰서와 가장 인접한 호텔은?

① 올림프스호텔   ② 라마다호텔
③ 호텔 월미도   ④ 캐피탈관광호텔

75 중구 항동에 위치하는 것은?

① 인천교통공사   ② 인천출입국관리청
③ 에어파크호텔   ④ 인하대 병원

76 다음 병원 중 인천 중구 신흥동 3가에 위치하는 병원은?

① 현대유비스병원   ② 인하대병원
③ 나사렛국제병원   ④ 인천기독병원

77 연평도는 어느 행정구역에 속하나?

① 강화군   ② 옹진군
③ 계양구   ④ 중구

78 다음 중 인천지방법원이 위치한 곳은?

① 학익동   ② 문학동
③ 연수동   ④ 구월동

79 다음 중 구와 동의 연결이 잘못된 곳은?

① 연수구 - 동춘동
② 중구 - 북성동
③ 남동구 - 구월동
④ 미추홀구 - 서창동

80 인천광역시 부평구 굴포로 104에 위치한 삼산경찰서의 행정동 이름은?

① 논현동   ② 도화동
③ 석남동   ④ 삼산동

81 인천광역시 서구 서곶로 302에 위치한 서구청의 행정동은?

① 가정동   ② 심곡동
③ 용현동   ④ 주안동

82 세림병원이 위치한 소재지는?

① 미추홀구 숭의동   ② 부평구 청천동
③ 중구 전동   ④ 남동구 논현동

83 소래포구는 어느 곳에 위치하고 있나?

① 중구 북성동   ② 남동구 논현동
③ 연수구 연수동   ④ 강화군 강화읍

84 송도유원지 앞 바닷가에 있는 아암도 해안공원이 위치한 행정구역은?

① 중구   ② 남동구
③ 연수구   ④ 미추홀구

| 📖 **정답** | 73 ④ 74 ① 75 ② 76 ② 77 ② 78 ① 79 ④ 80 ④ 81 ② 82 ② 83 ② 84 ③

85 다음 호텔 중 송도동에 소재하지 않은 호텔은?

① 송도센트럴파크호텔

② 쉐라톤그랜드 인천호텔

③ 오라카이 송도파크호텔

④ 올림포스호텔

86 수도권 지하철 1호선과 연결되는 역은?

① 부평구청역   ② 부평역

③ 계산역   ④ 소래역

87 법무부의 소속기관으로 서해대로 393에 위치한 인천 출입국외국인청이 소재한 곳은?

① 연수구   ② 중구

③ 미추홀구   ④ 남동구

88 다음 중 인천광역시 중구에 위치하지 않는 것은?

① 인천지방해양수산청

② 인천국제공항공사

③ 인천차이나타운

④ 인천문화예술회관

89 중앙도서관이 위치한 행정동은?

① 남동구 구월동   ② 중구 신흥동

③ 미추홀구 용현동   ④ 동구 송림동

90 택시운송사업 인천광역시조합이 위치하는 곳은?

① 남동구 만수 4동   ② 남동구 서창동

③ 남동구 구월 2동   ④ 남동구 간석동

91 인천지방경찰청이 위치한 곳은 어느 동인가?

① 구월동   ② 만수동

③ 연수동   ④ 간석동

92 인천문화예술회관이 소재한 곳은?

① 연수구 연수동   ② 연수구 송도동

③ 남동구 구월동   ④ 남동구 간석동

93 인천광역시 상공회의소의 위치한 곳은?

① 연수구 동춘동   ② 미추홀구 학익동

③ 중구 운서동   ④ 남동구 논현동

94 인천시 남동구 아암대로 1247에 위치한 인천운전면허시험장이 있는 행정동은?

① 연수동   ② 고잔동

③ 논현동   ④ 간석동

95 인천병무지청이 소재한 곳은?

① 미추홀구 학익동   ② 부평구 구산동

③ 계양구 작전동   ④ 남동구 고잔동

96 인천광역시 의료원이 위치하는 곳은?

① 계양구 동양동   ② 남동구 논현동

③ 연수구 연수동   ④ 동구 송림동

| 정답 | 85 ④ 86 ② 87 ② 88 ④ 89 ① 90 ③ 91 ① 92 ③ 93 ④ 94 ② 95 ① 96 ④

97 인천여지공업고등학교가 위치하고 있는 곳은?

① 연수구 연수동　　② 연수구 송도동

③ 연수구 동춘동　　④ 남동구 간석동

98 인천뷰티예술고등학교(전 인천여자공고)가 위치한 곳은?

① 미추홀구 숭의동　　② 연수구 동춘동

③ 중구 전동　　④ 남동구 논현동

99 도화초교사거리~중앙공원을 잇는 도로명은?

① 중동대로　　② 계산대로

③ 남동대로　　④ 주안로

100 인천시립 공설묘지인 인천가족공원이 위치한 곳은?

① 연수구 연수동　　② 계양구 계산동

③ 부평구 부평동　　④ 미추홀구 용현동

교통관련법규

여객자동차운수사업법

안전운행

운송 서비스

응급조치와 심폐소생법

지리

모의고사

| 📖 정답 | 97 ③　98 ②　99 ④　100 ③

제3장　경기도

경기도(京畿道. Gyeonggi-do)는 대한민국의 북서부에 있는 도(道)로서 서울특별시와 인천광역시를 둘러싸고 있고, 동쪽으로는 강원도, 서쪽으로 황해, 남쪽으로는 충청남도 및 충청북도와 접하고, 북쪽으로는 조선민주주의인민공화국과 경계를 이룬다. 대한민국에서 가장 인구가 많은 광역지방자치단체로, 경기도의 도청 소재지는 수원시이고, 의정부시에 경기도청 북부청사가 설치되어 있으며 28시와 3군이 있다.

(1) 인천광역시의 상징

휘장	
면적	10,171㎢(2021.12 기준)
인구	13,590,056명(2022.8 기준)
시의 꽃	개나리
시의 나무	은행나무
시의 새	비들기

(2) 행정 구역(도청소재지 : 수원시 영통구 도청로 30(이의동))

수원시, 성남시, 의정부시, 안양시, 부천시, 광명시, 평택시, 동두천시, 안산시, 고양시, 과천시, 의왕시, 구리시, 남양주시, 오산시, 시흥시, 군포시, 하남시, 용인시, 파주시, 이천시, 안성시, 김포시, 화성시, 광주시, 양주시, 포천시, 여주시, 연천군, 가평군, 양평군

(3) 주요 공공기관

주요 공공기관		
경기도광역환경관리사업소	경기평택항만공사	경기도여성가족재단
경기도 건설본부	경기관광공사	경기대진테크노파크
경기도 농업기술원	경기교통공사	경기도 농수산진흥원
경기도 동물위생시험소	경기연구원	경기도의료원
경기도 보건환경연구원	경기신용보증재단	경기복지재단
경기도 산림환경연구소	경기문화재단	경기도평생교육진흥원
경기도 해양수산자원연구소	경기도경제과학진흥원	경기도일자리재단
경기도 수자원본부	경기테크노파크	차세대융합기술연구원
경기도 여성비전센터	한국도자재단	경기도시장상권진흥원
경기경제자유구역청	경기도수원월드컵경기장관리재단	경기도사회서비스원
경기도축산진흥센터	경기도청소년수련원	경기환경에너지진흥원
경기도인재개발원	경기콘텐츠진흥원	KINTEX(킨텍스)
경기주택도시공사	경기아트센터	-

(4) 지역별 주요 관공서 및 공공기관 위치

1) 가평군

공공기관 및 명소	위치
가평군청, 가평군의회, 가평교육지원청, 가평우체국	가평읍 읍내리(석봉로)
가평경찰서, 가평소방서	가평읍 대곡리
청평호수, 가평레일파크, 대성리국민관광지, 학도의용대참전기념비	관광지
청평휴양림, 유명산휴양림, 용추휴양림, 아침고요수목원	휴양림
유명산, 호명산, 운악산, 명지산, 연인산, 화약산, 수덕산	산
명지폭포, 백년폭포, 용추폭포, 용지폭포, 무지개폭포	폭포

2) 고양시

고양시청, 고양시의회	덕양구	주교동
한국항공대학교		화전동
덕양구청, 고양경찰서, 화정터미널		화정동
일산동구청	일산동구	마두동
일산병원, 국민건강보험		백석동
동국대학교 일산병원		식사동
일산호수공원, 의정부지방검찰청고양지청, MBC드림센터		장항동
일산동부경찰서		정발산동
일산복음병원		중산동
일산서구청, 일산백병원	일산서구	대화동
탄현역, 로데오거리		덕이동
일산역		일산동
SBS탄현제작센터		탄현동
한화아쿠아플라넷, 원마운트(테마파크)		관광지
행주산성, 북한산성, 고려공양왕릉, 서오릉, 최영장군묘, 목암미술관		문화유적
북한산, 고봉산, 정발산		산

3) 과천시

과천시정보과학도서관	갈현동
국립과천과학관	과천동
국립현대미술관	막계동
과천문화원	문원동
과천시청, 과천시의회, 과천경찰서, 과천시민회관, 정부과천청사, 경인지방통계청, 과천외국어고등학교	중앙동
서울랜드, 서울대공원, 렛츠런파크 서울, 서울경마공원	관광지
온온사	문화유적
관악산, 청계산	산

4) 광명시

광명교육지원청, 광명도서관, 광명스피돔	광명동
광명역(KTX), 이케아 광명점	일직동
광명시청, 광명시의회, 광명경찰서, 광명시민회관	철산동
광명실내체육관	하안동
충현서원, 영회원	문화유적
도덕산, 구름산	산

5) 광주시

광주시립중앙도서관, 서울장신대학교	경안동
광주시청, 광주시의회, 광주하남교육지원청	송정동
광주경찰서	탄벌동
광주소방서	초월읍
남한산성, 수어장대, 조선백자도요지, 천진암성지, 곤지암, 유정리석불좌상, 허난설헌묘	문화유적
팔당호, 남한산성도립공원	관광지

6) 구리시

구리시청, 구리시의회, 구리경찰서, 남양주세무서, 서울삼육고등학교	교문동
구리농수산물도매시장	인창동
구리여자고등학교	토평동
장자호수공원, 구리한강시민공원	공원
동구릉, 광개토태왕비, 고구려대장간마을	문화유적
아차산	산

7) 군포시

군포시청, 군포시의회, 군포경찰서, 군포의왕교육지원청	금정동
한세대학교	당정동
수리고등학교	산본동

반월호수공원, 초막골생태공원	공원
수리산	산

8) 김포시

김포경찰서	장기동
김포시청, 김포시의회	사우동
김포외국어고등학교	월곶면 갈산리
김포교육지원청	운양동
문수산성, 덕포진, 애기봉통일전망대, 장릉, 대명항, 대명포구	관광지
문수산	산

9) 남양주시

남양주시청(제1청사)	금곡동
남양주경찰서, 구리남양주교육지원청, 도농도서관	다산동
남양주체육문화센터	이패동
팔당유원지, 밤섬유원지, 스타힐리조트(천마산리조트), 다산생태공원	관광지
정약용유적지, 덕흥대원군묘, 흥선대원군묘, 광해군묘, 광릉, 홍유릉	문화유적지
예봉산, 천마산, 운길산, 축령산	산

10) 동두천시

동두천시청, 동두천시의회	생연동
동두천양주교육지원청, 동두천소방서	지행동
동두천역	평화로
소요산, 왕방산, 마차산	산

11) 부천시

소사어울림마당	소사본동
부천소사경찰서	송내동
부천대학교	심곡동

공공기관 및 명소	위치
OBS 경인TV	오정동
유한대학교	역곡동
부천종합터미널	상동
가톨릭대학교 부천성모병원	소사동
가톨릭대학교	역곡동
부천시청, 부천원미경찰서, 부천교육지원청, 순천향대학교부천병원, 경기예술고등학교, 부천중앙공원	중동
상동호수공원, 부천영상문화단지, 웅진플레이도시, 한국민화박물관	관광지

12) 성남시

공공기관 및 명소		위치
분당서울대학교병원	분당구	구미동
성남교육지원청		서현동
분당구청		수내동
성남시중앙도서관, 분당차병원, 성남종합터미널		야탑동
수원지방법원 성남지원, 성남세무서	수정구	단대동
가천대학교 글로벌캠퍼스		복정동
수정구청		신흥동
성남서울공항		심곡동
성남수정경찰서		태평동
성남중앙병원	중원구	금광동
성남중원경찰서		상대원동
중원구청, 성남종합운동장		성남동
판교박물관, 망경암 마애여래좌상		관광지
분당중앙공원, 율동공원		공원

13) 수원시

서수원버스터미널	권선구	구운동
경기도시공사		권선동
권선구청, 수원서부경찰서		서둔동
수원도시공사, 수원서부경찰서, 경기지방우정청		탑동
영통구청, 수원남부경찰서	영통구	매탄동
경기방송		영통동
아주대학교, 아주대학교 병원		원천동
경기대학교 수원캠퍼스, 수원외국어고등학교		이의동
수원고등법원, 수원지방법원, 수원지방검찰청		하동
경기과학고등학교	장안구	송죽동
경기남부경찰청		연무동
수원교육지원청		영화동
수원중부경찰서, 수원소방서, 경기도의료원 수원병원		정자동
장안구청, 경기도교육청, 수원종합운동장, 경기도교통연수원		조원동
경기고용노동지청, 성균관대학교 자연과학캠퍼스	장안구	천천동
수원세무서, 경기도청, 수원시민회관	팔달구	매산로
팔달구청, 수원화성박물관		매향동
카톨릭대 성빈센트병원		지동
수원월드컵경기장		우만동
수원시청, 경인지방통계청 수원사무소, 수원청소년문화센터, KBS수원센터, 경인일보		인계동
수원화성, 화성행궁, 팔달문	문화유적	
팔달산, 칠보산, 광교산	산	

14) 시흥시

한국조리과학고등학교	과림동
시흥경찰서	장곡동
시흥시청	장현동

공공기관 및 명소	위치
시흥교육지원청, 시흥중앙도서관, 시흥세무서	정왕동
월곶포구, 물왕저수지, 오이도, 연꽃테마파크, 관곡지	관광지
옥구공원, 시흥갯골생태공원, 용도수목원	공원
소래산, 학미산, 군자봉	산

15) 안산시

공공기관 및 명소	위치	
안산시청, 안산도시공사, 안산교육지원청, 안산단원경찰서, 고려대학교안산병원, 안산세무서, 수원지방검찰청 안산지청	단원구	고잔동
안산운전면허시험장		와동
단원구청		초지동
상록구청, 안산상록경찰서, 안산문화원, 한양대학교 에리카캠퍼스	상록구	사동
근로복지공단 안산병원		일동
시화호, 대부도, 화랑유원지	관광지	
황금산, 광덕산, 수암봉, 노덕봉	산	

16) 안성시

공공기관 및 명소	위치
안성교육지원청, 안성성당	구포동
안성경찰서	도기동
안성시청	봉산동
중앙대학교 안성캠퍼스	대덕면 내리
안성봉업사지오층석탑, 미리내성지, 안성허브마을, 안성팜랜드	관광지
용설호수, 청룡호수, 금광호수, 고삼호수, 만수저수지	호수
서운산, 천덕산, 고성산, 칠현산	산

17) 안양시

공공기관 및 명소	위치	
안양시청, 안양과천교육지원청, 동안양세무서, 안양시립평촌도서관	동안구	관양동
동안구청, 안양동안경찰서		비산동

공공기관 및 명소	위치	
경인교육대학교(경기캠퍼스)	만안구	석수동
만안구청, 안양세무서, 안양시외버스정류장, 안양대학교		안양동
안양예술공원	공원	
삼막사계곡, 안양워터랜드, 김중업건축박물관	관광지	
관악산, 수리산, 삼성산	산	

18) 양주시

양주시청	남방동
양주경찰서	회정동
양주소방서, 양주시립꿈나무도서관	백석읍 오산리
장흥관광지, 송추유원지, 일영유원지, 가나아트파크, 두리랜드 송암천문대, 남경수목원	관광지
불곡산, 천보산 오봉산, 노고산	산

19) 양평군

양평군청, 양평교육지원청, 양평경찰서, 양평군민회관	양평읍 양근리
아세아연합신학대학교	옥천면 아신리
용문도서관	용문면 다문리
양평버스터미널	양평읍 공흥리
벽계구곡, 중원계곡, 용계계곡, 세미원, 두물머리, 들꽃수목원	관광지
용문산, 소리산, 중미산, 백운봉	산

20) 여주시

여주교육지원청	상동
여주경찰서	창동
여주시청	홍문동
세종대왕릉, 명성황후 생가, 이포나루, 고달사지	문화유적
강천섬, 신륵사관광지, 흥왕사, 대법사, 목아박물관, 여주산림박물관	관광지

21) 연천군

연천군청, 연천경찰서	연천읍	차탄리
연천교육지원청, 연천고등학교		현가리
연천소방서, 연천군보건의료원	전곡읍 은리	
전곡리 선사유적지, 경순왕릉	문화유적	
동막골유원지, 한탄강관광지, 재인폭포, 허브빌리지	관광지	
고대산, 종현산	산	

22) 오산시

화성오산교육지원청	내삼미동
한신대학교	양산동
오산시청, 오산시민회관, 오산종합운동장	오산동
오산대학교	청학동
물향기수목원, 유엔참전기념공원, 궐리사, 독산성	관광지

23) 용인시

기흥구청, 강남대학교	기흥구	구갈동
칼빈대학교		마북동
경희대학교 국제캠퍼스		서천동
용인운전면허시험장		신갈동
단국대학교 죽전캠퍼스, 신세계백화점 경기점	수지구	죽전동
수지구청		풍덕천동
처인구청	처인구	김량장동
명지대학교 자연캠퍼스		남동
용인송담대학교		마평동
용인시청, 용인동부경찰서, 용인대학교, 용인교육지원청		삼가동
한국외국어대학교 글로벌캠퍼스	모현면 왕산리	
한국민속촌, 에버랜드, 한택식물원	관광지	
광교산, 구봉산, 백운산	산	

24) 의왕시

의왕시청, 의왕경찰서, 경기외국어고등학교	고천동
계원예술대학	내손동
백운호수, 왕송호수, 의왕레일파크, 레솔레파크, 철도박물관	관광지
청계산, 백운산, 모락산	산

25) 의정부시

의정부지방법원, 의정부지방검찰청	가능동
의정부성모병원, 의정부터미널, 의정부운전면허시험장	금오동
경기도청북부청사	신곡동
의정부시청, 의정부경찰서, 의정부교육지원청, 의정부역, 의정부 예술의 전당	의정부동
신한대학교	호원동
회룡사, 망월사, 오층석탑, 원효사, 묘법연화경	문화유적
수락산, 원도봉산,사패산, 천보산, 부용산	산

26) 이천시

이천시립박물관, 설봉공원	관고동
이천시청, 이천경찰서	중리동
이천교육지원청, 이천시보건소	증포동
이천시립도서관	창전동
별빛정원 우주(테마파크), 덕평공룡수목원, 돼지박물관, 이천산수유마을, 도예촌, 설봉공원. 지산리리조트스키장	관광지
설봉산, 백족산, 저명산, 효양산	산

27) 파주시

파주경찰서	금릉동
파주교육지원청, 파주중앙도서관	금촌동
운정신도시(개발지구)	목동동
파주출판단지, 롯데프리미엄아울렛	문발동

공공기관 및 명소	위치
파주시청	아동동
두원공과대학교	파주읍
문산시외고속버스정류소	문산읍
헤이리예술마을	탄현면
공릉, 윤관장군묘	문화유적
통일공원, 오두산통일전망대, 판문점, 임진각관광지, 도라산역, 제3땅굴, 공릉국민관광단지	관광지
감악산, 심학산, 박달산, 파평산	산

28) 평택시

공공기관 및 명소	위치
평택시청, 평택경찰서, 평택시립도서관	비전동
평택대학교	용이동
송탄터미널	지산동
평택세무서	죽백동
평택고속버스터미널	평택동
경기평택항만공사, 평택항국제여객터미널	포승면 만호리
원균묘, 안재홍선생 생가	문화유적
평택호, 아산만방조제, 웃다리문화촌, 아산호	관광지

29) 포천시

공공기관 및 명소	위치
포천교육지원청, 포천경찰서	군내면 구읍리
차의과학대학교 대진대학교	동교동
대진대학교	선단동
국립수목원(광릉)	소흘읍 직동리
포천시청, 경기도립의료원 포천병원, 포천상공회의소	신읍동
산정호수, 백운계곡, 백로주유원지, 허브아일랜드, 국립산림박물관, 베어스타운리조트, 운악산자연휴양림	관광지
왕방산, 운악산, 백운산, 청계산, 보장산, 관음산, 가리산	산

30) 하남시

하남종합운동장	망월동
미사리조정경기장, 미사리카페촌	미사동
하남시청, 신장도서관, 스타필드 하남, 하남유니온파크, 하남우체국	신장동
춘궁리삼층석탑	문화유적
검단산, 금암산, 천마산	산

31) 화성시

화성시청, 신경대학교	남양읍 남양리
수원대학교, 협성대학교, 수원가톨릭대학교	봉담읍
화성서부경찰서	남양읍 신남리
궁평항	서신면
화성중앙종합병원, 제암리 3.1운동순국기념관, 화성종합경기타운	향남읍
건릉, 융릉, 남이장군묘, 효능왕후의묘, 화성당성	문화유적
제부도, 국화도, 어섬, 입파도, 전곡항, 궁평리해수욕장	섬, 해수욕장
건달산, 서봉산, 초록산, 칠보산, 쌍봉산, 태행산, 모봉산	산

기출문제와 예상문제(72문제)

01 다음 중 가평군 주변에 있지 않는 산 이름은?

① 유명산　　　　② 운악산
③ 명지산　　　　④ 수락산

02 다음 중 가평지역에 있는 호수의 이름은?

① 청평호수　　　② 일산호수
③ 백암호수　　　④ 시화호수

03 대성리국민관광유원지가 속에 있는 행정구역은?

① 가평군　　　　② 수원시
③ 안성시　　　　④ 평택시

04 다음 중 가평군과 관계가 없는 곳은?

① 청평호반　　　② 용추계곡
③ 명지계곡　　　④ 산정호수

05 다음 중 가평군에 소재한 계곡이 아닌 곳은?

① 명지계곡　　　② 산정계곡
③ 조무락계곡　　④ 귀목계곡

06 다음 중 의정부지방법원 고양지원이 소재한 곳은?

① 의정부시　　　② 수원시
③ 고양시　　　　④ 구리시

07 다음 중 킨텍스(KINTEX)가 위치한 곳은?

① 광명시　　　　② 안산시
③ 광주시　　　　④ 고양시

08 일산호수공원이 위치한 행정구역은?

① 일산시　　　　② 고양시
③ 부천시　　　　④ 안성시

09 행주산성과 행주대첩비가 소재하고 있는 지역은?

① 구리시　　　　② 하남시
③ 고양시　　　　④ 양평군

10 고양시에 소재한 한국항공대학교의 위치는?

① 덕양구 화전동　② 영통구 매탄동
③ 기흥구 구갈동　④ 수지구 죽전동

11 다음 중 과천시에 없는 곳은?

① 서울랜드　　　② 에버랜드
③ 렛츠런파크 서울　④ 서울대공원

12 과천시에 소재한 것이 아닌 소재한 것이 아닌 것은?

① 온온사　　　　② 행주산성
③ 정부과천청사　④ 경기지방통계청

| 📖 정답 | 01 ④ 02 ① 03 ① 04 ④ 05 ② 06 ③ 07 ④ 08 ② 09 ③ 10 ① 11 ② 12 ②

13 다음 중 과천시에 위치하지 않는 관공서는?

① 중앙선거관리 위원회

② 경기도농업기술원

③ 서울지방국토관리청

④ 정부과천종합청사

14 다음 중 광명시에 소재하는 것이 아닌 곳은?

① 도덕산 공원　　　② 충현서원지

③ 동막골유원지　　　④ 광명동굴

15 광명시에 소재하는 쇼핑몰인 크로앙스가 위치한 곳은?

① 광명사거리　　　② 하안사거리

③ 철산사거리　　　④ 원촌사거리

16 광명시청이 위치하고 있는 행정구역은?

① 광명동　　　　② 철산동

③ 하안동　　　　④ 일직동

17 광주시에 소재한 것이 아닌 것은?

① 남한산성 도립공원

② 팔당호

③ 곤지암

④ 3.1운동 순국기념관

18 국립현대미술관이 위치한 곳은?

① 화성시　　　　② 용인시

③ 수원시　　　　④ 과천시

19 구리 - 남양주 - 가평을 잇는 도로명은?

① 1번　　　　　② 25번

③ 36번　　　　④ 46번

20 강화 - 김포 - 서울로 이어지는 국도의 도로명은?

① 48번　　　　② 38번

③ 23번　　　　④ 18번

21 다음 중 43번 국도가 이어지는 곳은?

① 서울 - 화성　　② 서울 - 가평

③ 의정부 - 포천　④ 안양 - 수원

22 구리 - 대성리 - 청평을 잇는 도로는?

① 38번 국도　　② 39번 국도

③ 42번 국도　　④ 46번 국도

23 구리에서 남양주를 거쳐 포천으로 가는 국도의 도로명은?

① 26번 국도　　② 47번 국도

③ 48번 국도　　④ 56번 국도

24 서울 경마공원이 위치하는 곳은?

① 서울시　　　② 안양시

③ 과천시　　　④ 화성시

25 다음 중 청평호반이 있고 잣으로 유명한 지역은?

① 양평군　　　　　② 연천군
③ 가평군　　　　　④ 포천시

26 경기남부경찰청이 소재한 곳은?

① 수원시 장안구　　② 평택시 평택동
③ 과천시 중앙동　　④ 남양주시 금곡동

27 경기북부경찰청이 위치한 곳은?

① 수원시　　　　　② 고양시
③ 과천시　　　　　④ 의정부시

28 경기북부청사가 있는 곳은?

① 수원시　　　　　② 오산시
③ 의정부시　　　　④ 과천시

29 경기도에 있는 사찰인 신륵사가 위치한 지역은?

① 여주시　　　　　② 안성시
③ 용인시　　　　　④ 남양주시

30 베어스타운 스키장이 위치하고 있는 지역은?

① 의정부시　　　　② 양주시
③ 하남시　　　　　④ 포천시

31 북한강과 남한강이 합쳐지는 두물머리가 있는 곳은?

① 양평군　　　　　② 가평군
③ 연천군　　　　　④ 양주시

32 휴전선 비무장지대 지하에 굴착되어 있는 제1땅굴이 있는 곳은?

① 파주시　　　　　② 의정부시
③ 가평군　　　　　④ 연천군

33 산정호수가 위치해 있는 곳은?

① 수원시　　　　　② 의정부시
③ 남양주시　　　　④ 포천시

34 서쪽에 있는 다섯 개의 능이라는 서오릉이 위치하는 곳은?

① 파주시 금촌동　　② 고양시 용두동
③ 광명시 하안동　　④ 양주시 화정동

35 세종대왕릉이 위치하는 곳은?

① 이천시　　　　　② 연천군
③ 화성시　　　　　④ 여주시

36 남이장군 묘가 있는 관광지 장소는?

① 부천시　　　　　② 안성시
③ 화성시　　　　　④ 안산시

| 📖 정답 | 25 ③ 26 ① 27 ④ 28 ③ 29 ① 30 ④ 31 ① 32 ④ 33 ④ 34 ② 35 ④ 36 ③

교통관련법규

여객자동차운수사업법

안전운행

운송 서비스

응급조치와 실패소생법

지리

모의고사

37 경기도에 있는 사찰인 용문사가 있는 곳은?

① 양주시   ③ 연천군

② 파주시   ④ 양평군

38 다음 관광지가 고양시에 위치한 것이 아닌 것은?

① 행주산성   ③ 서오릉

② 호수공원   ④ 남이장군 묘

39 다음 중 행정구역이 고양시에 소재하지 않는 곳은?

① 마두동   ② 백석동

③ 장항동   ④ 가능동

40 다음 중 고양시 덕양구에 위치하는 것은?

① 한국항공대학교   ② 임진각 전망대

③ 월곶포구   ④ 아주대학교

41 MBC 드림센터가 위치하고 있는 지역은?

① 광명시 철산동   ② 수원시 정자동

③ 마포구 마포동   ④ 고양시 덕양구

42 고양시 일산구에 위치하고 있지 않는 역은?

① 천왕역   ② 마두역

③ 백석역   ④ 탄현역

43 신갈분기점에서 만나는 고속도로는?

① 서해고속도로 - 영동고속도로

② 중앙고속도로 - 영동고속도로

③ 경부고속도로 - 영동고속도로

④ 중부고속도로 - 영동고속도로

44 경부고속도로와 영동고속도로가 만나는 분기점 명칭은?

① 수원분기점   ② 신갈분기점

③ 안성분기점   ④ 오산분기점

45 영동고속도로와 서해안고속도로가 교차되는 분기점 이름은?

① 신갈분기점   ② 서평택분기점

③ 호법분기점   ④ 안산분기점

46 영동고속도로와 중부고속도로가 교차되는 분기점은?

① 신갈분기점   ② 안산분기점

③ 호법분기점   ④ 서평택분기점

47 다음 지역 중 서해안고속도로가 통과하지 않는 곳은?

① 하남   ② 발안

③ 화성   ④ 비봉

48 한국민속촌이 위치한 곳은?

① 용인시 기흥구   ② 수원시 영통구

③ 안양시 동안구   ④ 고양시 덕양구

49 다음 중 송추유원지가 위치하고 있는 곳은?

① 양주시   ③ 하남시

② 파주시   ④ 평택시

50 양지파인리조트 스키밸리가 위치하는 곳은?

① 연천군   ② 파주시

③ 포천시   ④ 용인시

51 관악산 계곡에 있는 유원지는?

① 원천유원지   ② 안양유원지

③ 송추유원지   ④ 장흥유원지

52 다음 중 국립 수목원이 위치한 곳은?

① 고양시   ② 용인시

③ 수원시   ④ 포천시

53 다음 명소 중 김포시에 소재하지 않은 곳?

① 대명포구   ② 애기봉

③ 문수산성   ④ 행주산성

54 남양주시에 소재하지 않은 곳은?

① 베어스타운 리조트   ② 흥선대원군 묘

③ 광릉   ④ 밤섬 유원지

55 팔당유원지가 속하는 행정구역은?

① 과천시   ② 용인시

③ 남양주시   ④ 오산시

56 다음 중 모란시장이 있는 곳은?

① 수원시   ② 성남시

③ 의정부시   ④ 오산시

57 미사리 조종경기장이 있는 곳은?

① 과천시   ② 하남시

③ 고양시   ④ 오산시

58 다음 중 성남시에 위치하지 않는 것은?

① 가천대학교   ② 분당차병원

③ 백운호수   ④ 서울공항

59 다음 중 행정구역상 맞게 연결되지 않은 것은?

① 파주시 - 금촌동   ② 평택시 - 평택동

③ 수원시 - 호원동   ④ 하남시 - 미사동

60 수원시에 소재하고 있는 대학이 아닌 것은?

① 경기대학교   ② 아주대학교

③ 한양대학교   ④ 성균관대학교

61 수원 월드컵경기장이 위치하고 있는 지역은?

① 팔달구 우만동   ② 장안구 조원동

③ 장안구 정자동   ④ 영통구 매탄동

| 📖 정답 | 49 ① 50 ④ 51 ② 52 ④ 53 ④ 54 ① 55 ③ 56 ② 57 ② 58 ③ 59 ③ 60 ③ 61 ②

62 수원지방검찰청 안산지청이 위치한 곳은?

① 단원구 고잔동　　② 단원구 와동

③ 상록구 사동　　　④ 상록구 일동

63 시흥시에 위치하지 않는 것은?

① 오이도　　　　　② 시화호

③ 물왕저수지　　　④ 월곶포구

64 안산시에 소재한 것이 아닌 것은?

① 화랑유원지　　　② 송추유원지

③ 대부도　　　　　④ 시화방조제

65 안산운전면허시험장이 위치한 곳은?

① 단원구 와동　　　② 상록구 사당

③ 상록구 일동　　　④ 단원구 고잔동

66 안양시청이 위치하고 잇는 행정지역은?

① 비산동　　　　　② 석수동

③ 안양동　　　　　④ 관양동

67 평화전망대가 있는 애기봉이 위치한 곳은?

① 김포시　　　　　② 강화도

③ 하남시　　　　　④ 고양시

68 양주시에 소재한 테마파크는?

① 애버랜드　　　　② 팜랜드

③ 원마운트　　　　④ 두리랜드

69 경기도 양주시청이 위치하고 있는 곳은?

① 덕정동　　　　　② 남방동

③ 화정동　　　　　④ 오정동

70 여주시에 소재하고 있지 않는 것은?

① 신륵사　　　　　② 명성황후 생가

③ 세종대왕릉　　　④ 전등사

71 다음 중 행정구역 연결이 올바르지 않은 것은?

① 안산시청 - 고잔동

② 시흥시청 - 장현동

③ 양주시청 - 남방동

④ 가평군청 – 대곡리

72 연천군에 소재하지 않는 것은?

① 전곡리선사유적지　② 재인폭포

③ 경순왕릉　　　　　④ 천진암 성지

Chapter 07

모의고사

01 도로교통법의 제정 목적으로 알맞은 것은?

① 교통법규 위반자의 처벌을 위한 것
② 교통위반자의 지도와 단속을 위한 것
③ 도로교통상의 위험요소 제거는 물론 원활하고 안전한 도로교통을 위한 것
④ 도로의 안전한 관리를 위한 것

> 해 도로에서 일어나는 교통상의 모든 위험과 장해를 방지·제거하며 안전하고 원활한 교통확보가 도로교통법의 목적이다.

02 적색화살표로 신호등이 등화된 경우에 대한 설명으로 옳은 것은?

① 다른 교통 또는 안전표지에 주의하면서 화살표 시 방향으로 진행할 수 있다.
② 교차로의 직전에 일시정지한 후 다른 교통에 주의하면서 화살표시 방향으로 진행할 수 있다.
③ 화살표시 방향으로 진행해서는 안 되며 정지선, 횡단보도 직전에 정지하여야 한다.
④ 서행으로 화살표시 방향으로 진행할 수 있다.

> 해 녹색화살표 신호와는 달리 적색화살표 신호는 화살표 방향으로 회전해서는 안 된다.

03 교차로의 차량 신호등이 황색 등화로 점멸될 때 운전자 행동으로 옳은 것은?

① 차마는 직진 또는 우회전할 수 있다.
② 차마의 앞에 정지선 또는 횡단보도가 있을 땐 그 직전에 정지하여야 한다.
③ 차마는 정지선 또는 횡단보도가 있을 땐 일시정지한 후 다른 교통에 주의하며 진행해야 한다.
④ 차마는 다른 교통과 안전표지의 표시에 따라 교차로로 진입한다.

04 사색등화로 표시하는 신호등의 신호 순서로 맞는 것은?

① 녹색등화 → 황색등화 → 녹색화살표 등화 → 적색등화
② 적색등화 → 황색등화 → 녹색화살표 등화 → 적색등화
③ 적색등화 → 녹색등화 → 녹색화살표 등화 → 황색등화
④ 적색등화·황색등화 → 녹색등화 → 황색등화 → 적색 및 녹색화살표 등화

> 해 4색등화를 횡으로 배열할 경우 좌측부터 적색 - 황색 - 녹색화살표시 - 녹색의 순서로, 등화를 종으로 배열할 경우 위로부터 적색 - 황색 - 녹색회살표시 - 녹색의 순서로 한다.

05 다음 중 노면표시 색채를 연결한 것 중 잘못된 것은?

① 안전지대 표시 - 노란색
② 노상장애물 중 도로중앙장애물 표시 - 흰색
③ 다인승차량 전용차로표시 - 파란색
④ 정차·주차 금지표시 - 노란색

> 해 도로중앙장애물 표시는 노란색으로 표시한다.

06 도로교통의 안전을 위하여 각종 제한·금지 등을 도로사용자에게 알리는 안전표지는?

① 주의표지
② 규제표지
③ 지시표지
④ 보조표지

| 📖 정답 | 01 ③ 02 ③ 03 ② 04 ② 05 ② 06 ②

07 다음 교통표지의 '지시표시' 내용을 설명하고 있는 것은?

① 도로상태가 위험하거나 위험물이 있는 경우
② 모든 표지의 내용을 보충하여 도로 사용자에게 알리는 표지
③ 도로교통의 안전을 위하여 각종 제한, 금지할 경우 이를 알리는 표지
④ 도로교통의 안전을 위하여 필요한 통행방법, 통행구분 등을 알리는 표지

08 다음 교통표지가 표시하는 의미로 맞는 것은?

① 좌측 차로가 없어짐을 알린다.
② 도로의 폭이 좁아짐을 알린다.
③ 도로의 끝지점이 위험하다는 것을 알린다.
④ 전방이 교통혼잡하다는 것을 알린다.

09 길가장자리의 황색실선의 의미는?

① 주차금지   ② 주차 및 정차금지
③ 정차금지   ④ 서행금지

10 차도와 보도를 구분하기 위해 선이나 돌 등으로 구분하는 경계의 명칭은?

① 차선(車線)   ② 차로(車路)
③ 연석선(連石線)   ④ 안전선(安全線)

11 도로교통법상 중앙선에 대한 설명으로 옳지 않은 것은?

① 차마의 통행을 방향별로 구분한다.
② 황색실선이나 황색점선 등으로 표시한다.
③ 중앙분리대나 울타리 등으로 표시할 수 있다.
④ 중앙선은 반드시 도로의 중앙에 설치하여야 한다.

해 중앙선은 차마의 통행을 방향별로 명확하게 구분하기 위하여 황색실선이나 황색점선 등의 안전표지로 표시한 선 또는 중앙분리대, 철책, 울타리 등으로 설치한 시설물을 말하며 중앙선은 반드시 도로의 중앙에 설치하여야만 하는 것은 아니고 도로의 여건에 따라 중앙선이 편위될 수 있다.

12 도로교통법상 자동차전용도로에 대한 설명으로 올바른 것은?

① 자동차만 다닐 수 있도록 설치된 도로
② 소형자동차만이 다닐 수 있는 도로
③ 대형자동차가 통행할 수 있는 도로
④ 자동차의 고속주행차량에만 사용하기 위하여 지정된 도로

해 자동차전용도로 : 자동차만이 다닐 수 있도록 설치된 도로로서 이륜자동차는 통행할 수 없다.
예 서울 : 올림픽대로, 부산 : 동서고가도로

13 교통법상 노인보호구역을 지정하고 관리하여야 하는 주체는?

① 경찰서장
② 시장 등
③ 시도경찰청장
④ 노인 보호청

14 운전면허 취소 후 5년 동안 운전면허시험에 응시할 수 없는 경우로 맞는 것은?

① 혈중알코올 0.07% 상태에서 운전 중 교통사고로 전치 6주의 상해를 발생시킨 후 뺑소니한 경우
② 운전면허를 취득하지 않은 상태에서 운전한 경우
③ 경찰관의 음주측정요구에 3번 이상 불응한 경우
④ 교통사고로 인명피해가 있는데도 구호조치를 하지 않고 사고현장을 이탈한 경우

15 벌점 또는 누산점수 초과로 인한 면허취소 기준에서 2년간의 벌점 또는 누산점수가 몇 점 이상이면 면허가 취소되는가?

① 100점 　② 121점 　③ 201점 　④ 271점

해 벌점누산점수 초과로 인한 면허취소 기준은 1년 121점, 2년 201점, 3년 271점이다.

16 운전면허 정지처분 중 정지처분이 시작되는 점수는?

① 40점 이상 　　② 70점 이상
③ 100점 이상 　④ 131점 이상

17 자동차 등을 운전한 경우 다음 위반 중 벌점이 가장 적은 것은?

① 속도위반(60km/h 초과)
② 승객의 차내 소란행위 방치 운전
③ 신호 지시위반
④ 어린이 통학버스 특별보호 위반

해 ① 60점, ② 40점, ③ 15점, ④ 30점

18 도로교통법상 어린이의 연령은?

① 6세 미만 　　② 10세 미만
③ 12세 미만 　④ 13세 미만

19 자동차의 운행속도에 대한 규정 중 옳은 것은?

① 일반도로에서는 매시 90km 이내
② 편도 2차로 이상 고속도로의 최저속도는 매시 40km, 최고속도는 매시 90km
③ 자동차전용도로의 최저속도는 매시 30km 최고속도는 매시 90km
④ 어린이 보호구역 최고속도는 매시 50km

해 ① 80km, ② 최저속도 매시 50km, 최고속도 매시 100km, ④ 매시 30km

20 앞지르기에 대한 설명 중 틀린 것은?

① 뒤차는 앞차가 다른 차를 앞지르고 있거나 앞지르고자 하는 때에는 그 차를 앞지르지 못한다.
② 앞지르고자 하는 모든 차는 방향지시기, 등화 또는 경음기를 사용하는 등 안전한 속도와 방법으로 앞지르기를 하여야 한다.
③ 모든 차는 다른 차를 앞지르고자 하는 때에는 앞차의 좌측을 통행하여야 한다.
④ 어린이통학버스가 어린이를 승하차하기 위해 정차하고 있는 경우 앞지르기할 수 없다.

21 도로교통법상 밤에 도로에서 차를 운행하는 경우 실내조명등을 켜지 않아도 되는 것은?

① 비사업용 승용자동차
② 승합자동차
③ 노면전차
④ 여객자동차 운송사업용 승용자동차

22 고속도로에서 자동차 고장으로 운행할 수 없을 때 고장자동차 표지를 설치하고 야간에는 적색섬광신호나 불꽃신호를 설치하도록 하고 있다. 도로교통법상 고장자동차 표지 및 불꽃신호의 적정한 설치 거리는?

① 자동차로부터 고장자동차 표지와 불꽃신호는 100m 이상 뒤쪽
② 자동차로부터 고장자동차 표지와 불꽃신호는 200m 이상 뒤쪽
③ 안전삼각대를 후방자동차운전자가 확인할 수 있는 위치에 설치 및 사방 500m 지점에 식별할 수 있는 불꽃신호
④ 자동차로부터 고장자동차 표지는 200m 이상 뒤쪽, 불꽃신호는 400m 이상 뒤쪽

23 동일 방향의 교통을 분리하고 경계하는 표시를 위한 노면표시의 색상은?

① 황색　　② 백색

③ 청색　　④ 적색

24 택시로 생명이 위급한 환자를 병원으로 운송하고자 한다. 다음 중 긴급자동차의 특례를 받을 수 있는 경우는?

① 택시는 어떠한 경우에도 긴급자동차로 인정받을 수 없다.

② 전조등 또는 비상표시등을 켜고 운전하여야 한다.

③ 사이렌을 울리거나 경광등을 켜야 한다.

④ 휴대하고 다니던 긴급자동차표지를 자동차 뒤편에 부착한다.

25 비보호 좌회전 표시가 있는 곳에서 좌회전하였을 때에 대한 설명으로 맞는 것은?

① 비보호 좌회전 위반은 교차로 통행방법 위반으로 처벌된다.

② 적색신호 시에도 반대차선에 마주 오는 차량이 없다면 좌회전할 수 있다.

③ 전방 녹색등화 시 좌회전 중 전방에서 오는 차량과 사고가 발생하면 신호위반책임은 없다.

④ 녹색신호 시에 반대차선의 교통에 방해되지 않게 좌회전할 수 있다.

26 다음 중 여객자동차운수사업법의 목적으로 옳지 않은 것은?

① 여객의 원활한 운송

② 공공 복리증진

③ 여객자동차운수사업의 종합적인 발달 도모

④ 여객자동차운수종사자의 수익성 재고

해 여객자동차운수사업법 제정목적

가. 여객자동차운수사업에 관한 질서 확립

나. 여객의 원활한 운송

다. 여객자동차 운수사업의 종합적인 발달 도모

라. 공공복리 증진

27 운행계통을 정하지 않고 사업구역에서 자동차를 사용하여 여객 운송하는 사업은?

① 일반택시운송사업

② 농어촌버스운송사업

③ 시외버스운송사업

④ 마을버스운송사업

28 여객자동차운송사업의 면허나 등록을 할 수 있는 사람은?

① 면허가 취소된 후 그 취소일부터 2년이 지나지 않은 자

② 징역 이상의 실형을 선고받고 그 집행이 끝난 날부터 2년이 지나지 않은 자

③ 징역 이상의 형의 집행유예를 선고받고 그 집행유예기간 중에 있는 자

④ 파산선고를 받고 복권된 자

29 최고속도의 100분의 50을 줄인 속도로 운행하여야 하는 경우가 아닌 것은?

① 눈이 20mm 미만 쌓인 때

② 노면이 얼어붙은 때

③ 폭우, 폭설, 안개 등으로 가시거리가 100m 이내일 때

④ 눈이 20mm 이상 쌓인 때

해 도로에 눈이 20mm 미만 쌓인 경우에는 규정속의 20%를 줄여 운행하여야 한다.

┃ 📖 정답 ┃ **23** ② **24** ② **25** ④ **26** ④ **27** ① **28** ④ **29** ①

30 서행의 설명으로 옳은 것은?

① 차가 즉시 정지할 수 있는 느린 속도로 진행하는 것을 말한다.

② 15km/h 이하의 속도로 진행하는 것을 말한다.

③ 차가 완전히 정지된 상태, 즉 0km/h인 상태를 의미한다.

④ 차가 반드시 멈추어야 하되 얼마간의 시간 동안 정지 상태를 유지해야 하는 교통 상황적 의미이다.

31 택시운송사업자가 승객이 자동차 안에서 쉽게 볼 수 있는 위치에 게시해야 하는 사항이 아닌 것은?

① 회사명 및 운전자 성명 ② 불편사항 연락처

③ 자동차 등록번호   ④ 사용구역별 운임표

32 운수종사자의 준수사항으로 틀린 것은?

① 일정한 장소에 오랜 시간 정차하여 여객을 유치하는 행위를 하지 않는다.

② 다른 승객에게 불쾌감을 줄 우려가 있으므로 전용 운반상자에 넣은 애완동물을 데리고 있는 경우 승차를 거부한다.

③ 질병이나 피로 또는 음주 등의 사유로 안전운전을 할 수 없을 때에는 그 사정을 사업자에게 알린다.

④ 운행 중 차량의 고장이 발견된 경우 즉시 운행을 중지하고 적절한 조치를 해야 한다.

33 다음 중 교통사고 발생 시 처리요령으로 올바르지 않은 것은?

① 인사 사고가 발생된 경우에는 즉시 정차하여 필요한 구호조치를 한다.

② 사고가 발생되면 노면 등에 표시한 교통 소통을 위해 도로의 가장자리로 이동한다.

③ 주변의 목격자를 확보하고 인적사항, 연락처 등을 입수한다.

④ 경찰관서에 사고 사실을 전화로 연락한 후 사고현장을 떠난다.

34 업무상 과실 또는 중대한 과실로 인하여 사람을 사상에 이르게 한 자는 (   ) 이하의 금고 또는 (   )원 이하의 벌금에 처한다. 다음 중 (   ) 안에 알맞은 것은?

① 10년 이하의 금고 또는 3,000만 원 이하의 벌금에 처한다.

② 5년 이하의 금고 또는 2,000만 원 이하의 벌금에 처한다.

③ 5년 이하의 금고 또는 1,000만 원 이하의 벌금에 처한다.

④ 10년 이하의 금고 또는 2,000만 원 이하의 벌금에 처한다.

35 교통사고처리특례법의 중대과실 12개항의 주취운전 위반에서 주취의 기준으로 맞는 것은?

① 혈중알코올농도 0.50% 이상

② 혈중알코올농도 0.03% 이상

③ 혈중알코올농도 0.01% 이상

④ 혈중알코올농도 0.10% 이상

36 교통사고처리특례법상 중대과실 12개 항목에 해당되지 않는 것은?

① 신호 또는 지시위반 사고

② 과속 20km/h 이하 위반 사고

③ 보도 침범사고

④ 중앙선 침범사고

해 교통사고처리특례법상 교통사고 중대과실 12개 항목은 신호·지시위반사고, 중앙선침범 및 횡단·유턴·후진금지 위반사고, 제한속도(20km/h초과 사고) 위반사고, 앞지르기방법 및 금지시기·금지장소 또는 끼어들기위반사고, 철길건널목 통과방법위반사고, 횡단보도 보행자보호의무 위반사고, 무면허운전금지 위반사고, 음주운전·약물복용 운전금지위반사고, 보도침범·보도통행방법 위반사고, 승객추락방지의무 위반사고, 어린이 보호구역에서 어린이신체상해사고, 화물적재물 추락사고 등이다.

37 다음 중 주차금지 장소가 아닌 것은?

① 터널 안 및 교량 위

② 노인보호구역

③ 화재경보기로부터 3m 이내

④ 교차로 내

해 주차금지장소
① 터널 안 및 다리 위
② 화재경보기로부터 3m 이내의 곳
③ 다음의 곳으로부터 5m 이내의 곳
　㉠ 소방용기계·기구가 설치된 곳
　㉡ 소방용 방화물통
　㉢ 흡수구나 흡수관 구멍
　㉣ 도로공사하는 경우 양쪽 가장자리

38 택시운전자의 서비스와 관련하여 고려할 사항이 아닌 것은?

① 친절한 태도

② 서비스 정신 유지

③ 단정한 복장

④ 회사의 수익 확대

39 운전자가 가져야 할 기본적인 자세로 올바르지 않은 것은?

① 양보하는 마음으로 여유 있고 운전한다.

② 도로 상황은 가변적인 만큼 추측운전이 중요하다.

③ 자신의 운전기술을 과신하지 않는다.

④ 상대에게 배려하며 침착한 자세로 운전한다.

40 다음 중 택시운전자가 미터기를 누르는 시기로 적절한 것은?

① 여객이 문을 열 때

② 여객 승차한 직 후

③ 여객이 목적지를 말할 때

④ 여객이 목적지를 말한 후 출발할 때

41 다음 중 운전자가 승객에게 하여야 할 사항이 아닌 것은?

① 인사를 한다.

② 주행코스를 묻는다.

③ 행선지를 묻는다.

④ 직업을 묻는다.

42 여객자동차 운수사업법상 운수종사자의 준수사항에 해당되지 않는 것은?

① 안전에 위해가 될 폭발성 물질 등 진입제지

② 출입구나 통로를 막을 물품을 진입하는 승객 탑승제지

③ 전용상자에 넣은 애완동물을 동반한 승객 탑승제지

④ 자동차 안에서 가무를 하는 행위의 제지

43 운수종사자가 운전 전 승객 대기자세로 올바르지 않는 것은?

① 밝은 표정으로 고객을 기다린다.

② 차량은 정해진 장소에서 대기한다.

③ 좌석에 앉아 있는 경우에도 바른 자세를 유지한다.

④ 차내에서 담배냄새 등 불쾌한 냄새가 나더라도 창문을 닫고 기다린다.

44 다음 중 운수종사자의 금지행위에 속하지 않는 것은?

① 차문을 완전히 닫지 않은 상태에서 차를 출발시키는 행위

② 운행 중 여객을 중도에 내리게 하는 행위

③ 부당한 요금을 받는 행위

④ 긴급구호자 운송 중 승객의 승차를 거부하는 행위

| 📖 **정답** | 37 ② 38 ④ 39 ② 40 ④ 41 ④ 42 ③ 43 ④ 44 ④

45 운수종사자의 운전 금지사항에 속하지 않는 것은?

① 주취 상태에서의 운전
② 피로한 상태에서 운전
③ 감기약 복용 후 운전
④ 충분한 휴식 후 운전

46 택시운전자가 차량에 대한 일상점검을 해야 할 시기로 적절한 것은?

① 운행 종료 후　　② 도로 운행 중
③ 틈나는 대로　　④ 운행 시작 전

47 여객자동차운수사업법상 택시운전자가 택시 내에서 흡연을 하여 1회 적발된 경우 과태료 부과 기준은?

① 과태료 5만 원　　② 과태료 10만 원
③ 과태료 15만 원　　④ 과태료 20만 원

48 택시운송사업의 발전에 관한 법률상 정당한 사유없이 여객의 승차를 거부하거나 여객을 중도에서 내리게 하는 행위를 3차 이상 한 경우 운전자에 대한 자격처분은?

① 경고　　　　② 자격정지 10일
③ 자격정지 30일　　④ 자격취소

49 교차로 또는 그 부근에서 긴급자동차에 대한 피양 방법으로 옳은 것은?

① 속도를 높여 긴급자동차보다 빨리 진행한다.
② 교차로를 피하여 도로의 우측 가장자리에 일시 정지한다.
③ 속도를 줄이면서 앞지르기하라는 신호를 한다.
④ 교차로 중앙에 일시 정지하여 진로를 양보한다.

50 명순응의 뜻에 대한 설명으로 옳은 것은?

① 어두운 장소에서 밝은 장소로 나온 후 눈이 익숙해져 시력이 회복되는 것을 말한다.
② 밝은 장소에서 어두운 장소로 들어간 후 눈이 익숙해져 시력이 회복되는 것을 말한다.
③ 주행 중 대향차량의 전조등 빛이 운전자의 눈에 비추면 일시적으로 시력의 장애를 일으키는 현상을 말한다.
④ 정지된 상태에서 한 물체에 눈을 고정시킨 자세로 양쪽 눈으로 볼 수 있는 시력의 좌·우 범위를 말한다.

51 원심력에 대한 설명으로 바르게 설명된 것은?

① 물체가 원운동을 할 때 그 물체가 작용하는 원의 중심에서 벗어나려는 힘을 말한다.
② 물체가 원운동을 하고 있을 때 그 물체가 작용하는 원의 중심에서 벗어나려고 하는 힘으로써 일명 구심력이라고도 한다.
③ 자동차를 감속하고 멈추게 하기 위한 힘을 말한다.
④ 자동차가 어떤 속도로 선회할 때 선회 중심의 방향에 작용하는 힘을 말한다.

52 LPG의 특성을 설명한 것 중 잘못된 것은?

① LPG는 고압가스로서 고압용기 내에 항상 대기압 5.6배 정도되는 압력이 가해져 액체상태로 되어있다.
② 높은 압력에서 작용하여 밸브를 열면 액체가 강하게 방출되어 작은 틈이라도 가스가 샐 위험이 있다.
③ 기화된 LPG는 공기보다 가벼워 대기 중으로 날아간다.
④ 기화된 LPG는 인화되기 쉽고 인화될 경우 폭발한다.

해 LPG이 특성은
  ① LPG의 주성분은 부탄과 프로판 등으로 이루어져 있다.
  ② LPG는 압력을 가하거나, 냉각하면 기체가 액화로 되며, 반대로 압력을 낮추거나 온도를 높이면 기화되어 발화하기 쉬우므로 취급상 특별한 주의가 필요하다.

53 LPG 자동차 용기 밸브의 핸들 색상을 맞게 연결되어 있는 것은?

① 충전밸브 – 황색, 출구밸브 – 적색
② 충전밸브 – 황색, 출구밸브 – 녹색
③ 충전밸브 – 적색, 출구밸브 – 황색
④ 충전밸브 – 녹색, 출구밸브 – 적색

54 LP가스 차량에서 가스가 누출되는 것을 발견한 경우 조치사항으로 맞는 것은?

① 경험 많은 동료에게 전화하여 조치방법을 물어 본다.
② 엔진을 정지하고 LPG 스위치를 끈 후 용기의 연료 출구밸브를 잠근 후 정비를 의뢰한다.
③ LP가스는 공기보다 가벼워 누출되면 환기에 주의할 필요성이 없다.
④ 차량을 환기가 잘 되고 주변에 화기가 없는 장소로 이동시킨다.

55 LPG 충전방법에 대한 설명으로 옳은 것은?

① 출구밸브 핸들(녹색)을 잠근 후 충전밸브 핸들(적색)을 연다.
② 출구밸브 핸들(적색)을 연 후 충전밸브 핸들(녹색)을 잠근다.
③ 출구밸브 핸들(녹색)을 연 후 충전밸브 핸들(적색)을 잠근다.
④ 출구밸브 핸들(적색)을 잠근 후 충전밸브 핸들(녹색)을 연다.

56 LPG 충전용기의 색깔은 누슨 색으로 되어 있나?

① 백색   ② 황색
③ 청색   ④ 회색

57 교통사고 발생된 경우 운전자의 조치과정으로 올바른 것은?

① 후방방호 – 인명구조 – 연락 – 대기
② 연락 – 후방방호 – 인명구조 – 대기
③ 대기 – 인명구조 – 연락 – 후방방호
④ 인명구조 – 후방방호 – 연락 – 대기

58 응급조치의 정의를 올바르지 않게 설명된 것은?

① 전문적인 의료행위를 받기 전에 이루어지는 조치이다.
② 즉각적이고 임시적인 조치이다.
③ 부상자를 보호하고 고통을 덜어주려는 조치이다.
④ 의약품을 사용하여 부상자를 치료하는 조치이다.

59 교통사고 시 부상자에게 인공호흡을 실시해야 하는 경우는?

① 호흡은 없고 맥박이 있을 때
② 호흡과 맥박이 모두 없을 때
③ 호흡은 있고 맥박이 없을 때
④ 출혈이 심한 때

60 일단정지를 하여야 하는 경우에 해당되지 않는 것은?

① 가파른 비탈길의 내리막을 내려갈 때
② 정지선이나 횡단보도가 있는 곳에서 적색등화가 점멸 작동하고 있는 때
③ 앞을 보지 못하는 사람이 흰색지팡이를 가지고 도로를 횡단하고 있을 때
④ 철길 건널목을 통과하고자 하는 때

| 📖 정답 | 53 ④ 54 ② 55 ④ 56 ④ 57 ① 58 ④ 59 ① 60 ①

01 다음 공주거리를 설명한 중에서 올바른 것은?

① 제동거리는 반드시 정지할 때 나타난다.

② 위험을 느끼고 가속페달에서 발을 옮기어 브레이크 페달을 밟아 자차가 정지할 때까지 주행한 거리

③ 위험을 느끼고 가속페달에서 발을 옮기어 제동페달을 밟아서 제동효과가 나타나기까지 주행한 거리

④ 위험을 느끼고 가속페달에서 발을 옮기어 제동페달까지 옮기는데 걸리는 시간

02 자동차의 공주거리와 제동거리를 합한 거리를 무엇이라 하는가?

① 제동거리   ② 정지거리
③ 공주거리   ④ 이동거리

해 '정지거리 = 공주거리＋제동거리'이고 젖은 도로에서는 제동거리가 증가하므로 정지거리가 길어진다. 운전자의 과로·음주·피로·졸음운전 시 공주거리는 길어진다.

03 다음 중 커브도로상에서의 교통사고 위험이 아닌 것은?

① 과속에 의한 사고위험이 적다.
② 도로주행 중 이탈위험이 항상 있다.
③ 시야의 불량으로 사고의 위험이 있다.
④ 커브길에서는 중앙선 침범사고의 위험이 있다.

해 커브길의 교통사고위험
　① 도로 외 이탈의 위험이 뒤따른다.
　② 중앙선을 침범하여 대향차와 충돌할 위험이 있다.
　③ 시야불량으로 인한 사고의 위험이 있다.

04 다음 중 도로교통법의 목적으로 맞는 것은?

① 교통안전에 관하여 종합적, 계획적으로 추진함으로써 교통안전 증진에 이바지

② 도로에서 일어나는 교통상의 모든 위험과 장해를 방지하고 제거하여 안전하고 원활한 교통확보

③ 교통사고로 인한 피해의 신속한 회복을 촉진하고 국민생활의 편익을 증진

④ 교통약자가 안전과 편리하게 이동할 수 있도록 시설을 확충하고 보행환경을 개선

05 도로교통법상 모범운전자"란 무사고운전자 또는 유공운전자의 표시장을 받거나 (   )이상 사업용 자동차 운전에 종사하면서 교통사고를 일으킨 전력이 없는 사람으로서 경찰청장이 정하는 바에 따라 선발되어 교통안전 봉사활동에 종사하는 사람을 말한다. (   )에 맞는 것은?

① 6개월   ② 1년
③ 1년 6개월   ④ 2년

06 음주운전으로 단속할 수 없는 것은?

① 노면전차   ② 굴삭기
③ 자전거   ④ 경운기

07 좌석 안전띠를 반드시 매야 하는 경우는?

① 자동차를 후진시키기 위해 운전하는 때

② 긴급자동차가 그 본래의 용도 이외로 운행되고 있는 때

③ 신장·비만 등의 신체 상태에 의해 좌석안전띠 착용이 적당하지 않은 때

④ 부상·질병 또는 임신 등으로 좌석안전띠 착용이 적당하지 않은 때

08 다음 중 도로교통법상 승차정원의 110퍼센트까지 탑승할 수 있는 차량은?

① 고속도로에서 고속버스
② 고속도로에서 일반버스
③ 일반도로에서 비사업용 버스
④ 일반도로에서 화물자동차

09 주차 위반 과태료 부과처분은 누구에게 이의를 제기해야 하는가?

① 지방경찰청장　　② 시장, 군수
③ 관할경찰서장　　④ 경찰청장

10 주차 위반 과태료 처분에 불복이 있을 경우의 이의 제기기간은 과태료 처분의 고지를 받은 날부터 (　　)일 이내이다. (　　　　)에 들어갈 알맞은 것은?

① 50일　　　　② 30일
③ 60일　　　　④ 20일

11 고속도로에서 진로변경 시 몇 m 전방에서 신호해야 하는가?

① 50m 전방　　②100m 전방
③ 200m 전방　　④ 500m 전방

12 밤에 고속도로에서 자동차고장 시 설치하는 적색 섬광 신호등의 식별 가능범위는?

① 사방 100m　　② 사방 200m
③ 사방 300m　　④ 사방 500m

13 사고결과에 따른 벌점기준의 설명이 틀린 것은?

① 사망 1명마다 90점
② 중상 1명마다 15점
③ 경상 1명마다 5점
④ 부상신고 1명마다 1점

해 사고결과에 따른 벌점기준의 부상신고 1명마다 2점씩 계산한다.

14 중앙선침범 사고로 중상 2명, 경상 1명의 인적피해와 물절피해로 200만 원의 피해를 입혔다면 가해운전자에 대한 행정처분벌점은 얼마인가?

① 30점　　　　② 55점
③ 65점　　　　④ 90점

해 중앙선침범 30점, 중상 2명x15점, 경상 1명x5점 합계 65점

15 교통사고의 3대 요인이 아닌 것은?

① 인적 요인
② 환경적 요인
③ 차량적 요인
④ 법률적 요인

16 자동차가 물이 고인 노면을 고속으로 주행할 때 물의 저항에 의해 노면으로부터 떠올라 물위를 미끄러지듯이 되는 현상을 무엇이라 하는가?

① 스탠딩 웨이브 현상
② 수막현상
③ 페이드 현상
④ 베이퍼 로크 현상

해 수막현상이란 물기 있는 도로주행 시 노면과 타이어 사이에 물의 얇은 막이 생겨 그 압력에 의해 타이어가 노면으로부터 떨어지는 현상으로 영어로 표현은 하이드로 플레닝(Hydroplaning) 현상이라 한다.

교통관련법규

여객자동차운수사업법

안전운행

운송 서비스

응급조치와 상해소생법

지리

모의고사

17 타이어의 회전속도가 빨라지면 접지부에서 받은 타이어의 변형(주름)이 다음 접지 시점까지도 복원되지 않고 접지의 뒤쪽에 진동의 물결이 일어나는 현상을 무엇이라 하는가?

① 수막현상　　　② 스탠딩 웨이브 현상
③ 베이퍼 로크 현상　④ 페이드 현상

18 비탈길을 내려가는 경우 브레이크를 반복하여 사용하는 경우 마찰열이 라이닝에 축적되어 브레이크의 제동력이 저하되는 현상을 무엇이라 하는가?

① 홀드 현상　　　② 페이드 현상
③ 슬라이딩 현상　④ 베이퍼 로크 현상

19 도로교통법상 아침 8시부터 저녁 8시 사이에 어린이보호구역에서 택시 운전자가 교통법규 위반 시 부과되는 법칙금으로 옳지 않은 것은?

① 주차금지위반 : 8만 원
② 보행자 통행방해 : 6만 원
③ 횡단보도 보행자 횡단방해 : 12만 원
④ 신호지시위반 : 12만 원

20 도로교통법상 운행기록계를 설치하지 아니하고 택시를 운행한 경우 해당되는 범칙금과 벌점은?

① 범칙금 4만 원, 벌점 15점
② 범칙금 6만 원, 벌점 15점
③ 범칙금 4만 원, 벌점 10점
④ 범칙금 6만 원, 벌점 10점

21 정당한 이유 없이 여객의 승차를 거부하거나 여객을 중도에서 내리게 하는 경우 1차의 벌칙은?

① 경고　　　　　② 자격정지 10일
③ 자격정지 20일　④ 자격취소

22 도로교통법상 자동차 운전자가 운전 중 휴대용 전화를 사용할 수 없는 경우는?

① 시속 30km 이하로 서행하여 운전하는 경우
② 자동차 등이 정지하고 있는 경우
③ 긴급자동차를 운전하는 경우
④ 각종 범죄 및 재해신고 등 긴급한 필요가 있는 경우

23 어린이통학버스를 만나게 된 경우 택시운전자로서 적절하지 못한 행동은?

① 어린이통학버스가 서행해도 앞지르기하지 않고 뒤에서 천천히 운행한다.
② 중앙선이 없는 도로의 반대방향에 어린이통학버스가 정차하고 있으면 비켜 간다.
③ 앞에 있는 어린이통학버스가 정차하고 있을 때 점멸등을 켜고 일시정지한다.
④ 왕복 2차로 도로의 반대방향에서 어린이통학버스가 정차하고 있으면 서행한다.

24 A는 자동차를 등록하여 소유하다가 B에게 팔았다. 이 등록의 종류는?

① 이전등록　　　② 변경등록
③ 신규등록　　　④ 말소등록

해 자동차등록의 종류
  1) 신규등록 : 신규로 자동차에 관한 등록을 하고자 하는 자는 시·도지사에게 신규자동차 등록을 신청하여야 한다.
  2) 변경등록 : 등록원부의 기재사항에 변경이 있을 때에는 시·도지사에게 변경등록을 신청하여야 한다.
  3) 이전등록
    ① 등록된 자동차를 양수받는 자는 시·도지사에게 자동차소유권의 이전등록을 신청하여야 한다.
    ② **매매의 경우** : 매수한 날로부터 15일 이내
    ③ **증여의 경우** : 증여를 받은 날로부터 20일 이내
    ④ **상속의 경우** : 상속을 받은 날로부터 3개월 이내
  4) 말소등록 : 등록된 자동차가 다음의 사유에 해당하는 경우에는 자동차등록증·등록번호판 및 봉인을 반납하고 시·도지사에게 말소등록을 신청하여야 한다.

5) 압류 등록 : 체납치분이니 법원의 압류명령에 의한 세무서장 또는 법원의 압류등록에 대한 촉탁이 있을 때 행하는 등록

6) 부활 등록 : 말소 후 재등록이나 용도변경 비사업용에 행하는 등록

25 운전적성 정밀검사 중 특별검사는 과거 1년간 운전면허 행정 처분기준에 따라 산출된 누산 점수가 몇 점 이상인 사람이 받아야 하는가?

① 51점 ② 61점
③ 71점 ④ 81점

26 여객자동차운송사업의 종류 중 나머지 셋과 성격이 다른 것은?

① 마을버스운송사업 ② 개인택시운송사업
③ 일반택시운송사업 ④ 전세버스운송사업

27 다음은 택시운송사업의 발전에 관한 법률에 따라 1차 위반 시 경고인 위반행위로서 2차 위반에 따른 처분기준의 연결이 잘못된 것은?

① 여객을 합승하도록 하는 행위 : 자격정지 10일
② 부당한 운임 또는 요금을 받는 행위 : 자격정지 30일
③ 정당한 사유 없이 여객의 승차를 거부하거나 여객을 중도에서 내리게 하는 행위 : 자격정지 30일
④ 승객의 요구에도 불구하고 영수증 발급 또는 신용카드 결제에 응하지 않은 행위 : 자격정지 20일

28 택시운송사업자가 차내에 택시운전자격증명을 게시하지 않은 경우 과징금은 얼마인가?

① 10만 원 ② 15만 원
③ 20만 원 ④ 50만 원

29 택시운전자가 차량 내부에 반드시 게시해야 하는 것이 아닌 것은?

① 택시운전자격증명
② 불편사항 연락처
③ 자동차 등록증
④ 회사위치와 조직도

30 택시 운전자로 취업 전 이수하는 신규교육은 몇 시간을 이수하여야 하는가?

① 4시간 ② 8시간
③ 16시간 ④ 30시간

31 교차로의 황색신호가 의미하는 것으로 틀린 것은?

① 교통사고를 예방하기 위해 설치된 신호이다.
② 전신호와 후신호가 현시되는 사이에 주는 신호이다.
③ 전신호에 따라 주행하는 차량과 후신호에 따라 주행하는 차량과의 상충을 예방하기 위한 것이다.
④ 황색신호가 현시되는 시간은 통상 6초 이상이다.

32 철길건널목에서의 안전운행이라고 볼 수 없는 것은?

① 일단정지하여 좌우 확인 후 안전하게 통과한다.
② 건널목을 통과할 때에는 기어변속을 하지 않는다.
③ 건널목에서 앞차가 일시정지하지 않고 운행하면 함께 통과한다.
④ 건널목 앞 도로의 여유공간을 확인하고 운행한다.

해 철길건널목은 3종이 있으며 1종은 차단기와 신호등, 안전표지가 설치되어 있으며 2종은 신호등과 안전표지가 설치되어 있고 3종은 안전표지만 설치되어 있다.

| 📖 정답 | 25 ④ 26 ① 27 ④ 28 ① 29 ④ 30 ③ 31 ④ 32 ④

33 다음 설명 중 올바른 것은?

① 교차로, 횡단보도 등은 주차만 금지된다.

② 화재경보기로부터 3m 이내에는 주차가 금지된다.

③ 터널 안, 다리 위는 주차는 가능하다.

④ 도로공사구역 가장자리로부터 5m 이내에는 정차가 금지된다.

34 교통안전표지의 노면표시가 점선-실선-복선으로 표시된 경우 무엇을 의미하는 것인가?

① 허용-제한-강조

② 허용-강조-제한

③ 제한-허용-강조

④ 강조-제한-허용

35 다음 중 여객자동차 운수종사자의 준수사항이라고 볼 수 없는 것은?

① 정당한 이유 없이 여객의 승차를 거부하거나 여객을 중도에서 내리게 하는 행위를 해서는 안 된다.

② 일정한 장소에서 장시간 정차하여 여객을 유치하는 행위를 해서는 안 된다.

③ 자동차의 문을 완전히 닫지 아니한 상태에서 출발 또는 운행해서는 안 된다.

④ 운전 중 도로에 이상이 발견되면 운행을 중지하고 택시조합에게 알려야 한다.

36 택시 운수종사자의 적절한 서비스 자세가 아닌 것은?

① 승객의 짐 싣는 것을 도와 준다.

② 운행하는 경로는 적정한지 승객에게 물어본다.

③ 승객에 방해되지 않도록 운행에 신경쓴다.

④ 몸이 불편한 승객은 될 수 있는 한 거부한다.

37 택시운수종사자의 준수사항 중 해당되지 않는 것은?

① 승객에게 안전띠 착용을 안내한다.

② 승객이 차량 안에서 졸고 있는 것을 제지하지 않는다.

③ 애완동물 전용 운반상자에 넣은 애완동물을 동반한 승객에게 탑승을 허용한다.

④ 택시의 차실에는 방향제나 일간신문 등을 비치한다.

38 운전자의 운전과정의 행동이 올바르게 나열된 것은?

① 조작 > 판단 > 인지 ② 인지 > 판단 > 조작

③ 인지 > 조작 > 판단 ④ 조작 > 인지 > 판단

39 운전 중 운전자가 가장 많이 정보를 얻는 감각은?

① 촉각   ② 미각

③ 청각   ④ 시각

해 차량점검 또는 운행 중 운전자가 정보를 얻는 방법은 5감으로 5감은 시각, 청각, 후각, 미각, 청각을 말한다.

40 안전운전과 방어운전에 대한 설명으로 틀린 것은?

① 안전운전과 방어운전은 서로 다른 개념이지만 사고로부터 예방하는 것이다.

② 안전운전은 운전을 통해 교통사고가 발생되지 않도록 주의하여 운전하는 것이다.

③ 방어운전은 자신이 사고에 말려 들지 않도록 하는 운전이다.

④ 안전운전과 방어운전은 상대방이 사고를 유발시키지 않도록 하는 것이다.

41 여름철 자동차관리의 설명으로 석설하지 않은 것은?

① 호우로 인한 빗길운전이 많은 계절이므로 와이퍼의 작동상태를 수시로 점검한다.
② 여름철에는 엔진과열되는 경우가 많으므로 냉각계통의 점검을 게을리하지 않는다.
③ 차내의 환기를 자주 시킨다.
④ 히터의 작동여부를 점검하고 오염된 휠터는 미리 교환해 둔다.

42 교통사고 시 어깨와 복부를 지나는 2점식 안전벨트에 의한 장기손상이 나타날 수 있는 곳은?

① 늑골골절, 장파열
② 상지골절, 하지골절
③ 척추손상, 안면골절
④ 두부손상, 무릎골절

43 다음 중 응급조치의 정의를 올바르게 설명되지 않는 것은?

① 전문적인 의료행위를 받기 전에 이루어지는 조치이다.
② 즉각적이고 임시적인 조치이다.
③ 부상자를 보호하고 고통을 덜어주기 위한 조치이다.
④ 의약품을 사용하여 부상자를 치료하는 조치이다.

44 사상자가 발생한 교통사고인 먼저 취해야 할 행동은?

① 사망자의 시신 보존
② 회사 또는 보험회사 담당자에게 신고
③ 경찰서에 신고
④ 부상자 구출

45 인공호흡에 대한 설명으로 거리가 먼 것은?

① 우선 인공호흡으로 환자의 가슴이 올라오지 않는다면 기도를 다시 확보한다.
② 인공호흡을 시도했으나 잘 되지 않는다면 잘 될 때까지 시도한다.
③ 인공호흡의 가장 일반적인 방법은 구강 대 구강법이다.
④ 인공호흡을 하기 전에 기도확보가 되어 있어야 한다.

해 인공호흡이 필요한 경우
① 기도를 확보하고 맥박이 뛰고 있는데도 호흡을 하지 아니하는 경우
② 기도를 확보하였다고 해도 가슴의 움직임이 없는 경우
③ 가슴은 움직이고 있으나 불규칙적이고 숨소리가 들리지 않는 경우

46 교통사고 시 심폐소생술의 순서로 올바른 것은?

① 인공호흡 → 가슴압박 → 기도개방
② 인공호흡 → 기도개방 → 가슴압박
③ 가슴압박 → 인공호흡 → 기도개방
④ 기도개방 → 인공호흡 → 가슴압박

47 성인에게 심폐소생술을 시행할 때 가슴압박의 깊이로 옳은 것은?

① 약 4cm
② 약 5cm
③ 약 6cm
④ 약 7cm

| 📖 **정답** | 41 ④ 42 ① 43 ④ 44 ④ 45 ② 46 ④ 47 ②

48 방어운전의 요령으로 가장 적절한 것은?

① 다른 차량이 끼어들 우려가 있는 경우에는 다른 차량과 나란히 주행하도록 한다.

② 차량이 많을 때는 속도를 가속하여 다른 차들을 앞서야 한다.

③ 대형차를 뒤따를 때는 신속히 앞지르기를 하여 대형차를 이탈하여 주행한다.

④ 교통신호가 바뀐다고 해서 무작정 출발하지 말고 주위 자동차의 움직임을 관찰한 후 진행한다.

49 택시 운수종사자의 자세 중 올바르지 않은 것은?

① 밝은미소와 상쾌한 인사로 승객을 맞이한다.

② 골목길은 회차가 어려우므로 무조건 들어가지 않는다.

③ 고객의 목적지를 다시 한 번 확인한다.

④ 승객의 무거운 짐이 있으면 싣고 내릴 때 도와준다.

50 택시운전자로서 올바른 서비스의 기본자세가 아닌 것은?

① 단정한 용모 　　② 공손한 인사

③ 급정지, 급출발 　　④ 밝은 표정

51 고객만족을 위한 행동예절 중 인사할 때의 마음가짐에 대해 잘못된 것은?

① 정중하게 한다.

② 의례적으로 한다.

③ 밝은 미소로 한다.

④ 경쾌하고 겸손한 인사말과 함께 한다.

52 승객과의 대화 시 유의사항에 해당하지 않는 것은?

① 승객과의 논쟁은 가능한 하지 않도록 한다.

② 불평불만을 승객에게 하지 않도록 한다.

③ 거친 행동이나 억양를 높이지 않는다.

④ 승객과의 대화 시 침묵으로 일관한다.

53 LPG 차량 사고 시 연료의 공급을 차단하는 장치는?

① 액체출구 밸브 　　② 충전 밸브

③ 기체출구 밸브 　　④ 전자밸브(솔레노이드밸브)

54 LPG 차량 운전자가 지켜야 할 사항이 아닌 것은?

① 액체출구밸브(적색)는 완전히 개방한 상태로 운행하여야 한다.

② 환기구가 밀폐되지 않은 상태에서 운행하여야 한다.

③ 가스충전밸브(녹색)는 충전에 대비하여 항상 개방한 상태에서 운행하여야 한다.

④ LPG 충전 후에는 가스주입구의 분리여부를 확인하고 운행을 시작하여야 한다.

해 LPG 엔진의 시동방법
　① LPG 스위치를 누른다.
　② 외기온도에 따라 초크 손잡이를 적당히 당긴다.
　③ 클러치 페달을 밟고(수동변속기의 경우) 시동을 건다.
　④ 시동이 걸리면 기체, 액체 전환램프가 꺼질 때까지 기다렸다가 출발한다(엔진의 온도가 상승한 후 반드시 초크 손잡이를 원위치로 밀어 넣고 주행한다).
　⑤ 주행 중에는 내부에서 LPG 가스 냄새가 나지 않는지 항상 유의해야 하며, 장기주차하거나 여름철 운행 시 가속이 잘 되지 않을 경우 난기운전(워밍업)을 한다.

55 운행 중 차량이 제동하는 하는 차체의 관성에 의해 앞범퍼 부분이 내려 앉는 현상을 무엇이라 하는가?

① 로즈 업 현상   ② 로즈 다운 현상

③ 슬립 현상   ④ 휠밸런스 현상

해 운행 중 제동으로 인해 차체의 관성에 의해 앞범퍼 부분이 내려 앉는 현상을 로즈 다운(nose dawn) 또는 노즈다이브(nose dive) 현상이라 한다.

56 다음 중 운전자의 인지 지연반응 시간 중 가장 짧은 반응시간으로 맞는 것은?

① 반사적 반응   ② 단순한 반응

③ 복잡한 반응   ④ 분별적 반응

57 도로에 물이 고인 장소를 통과할 때 올바른 운전 방법은?

① 일시정지 후 주의하면서 서행으로 운전한다.
② 물이 튀게 운전하여도 아무런 처벌을 받지 않는다.
③ 물이 튀지 않게 속도를 감속하여 서행으로 운전한다.
④ 그대로 진행한다.

58 운행하는 차량이 도로에 물건을 던지는 행위를 하였을 때 부과되는 범칙금액은?

① 3만 원   ② 4만 원

③ 5만 원   ④ 7만 원

59 교차로에서의 안전운행으로 틀린 것은?

① 교차로 내에서는 항상 정지할 수 있다는 마음자세로 운전한다.
② 교차로 내에서 다음 신호를 추측하고 운행한다.
③ 자신의 신호가 바뀌는 순간 주위를 살핀 후 주행한다.
④ 신호등이 없는 교차로에서는 통행우선순위에 따라 주행한다.

60 다음 중 커브도로상에서의 교통사고위험이 아닌 것은?

① 과속에 의한 사고위험이 높다.
② 도로주행 중 이탈위험이 항상 있다.
③ 시야의 불량으로 사고의 위험이 있다.
④ 커브도로상 중앙선침범사고의 위험이 있다.

| 📖 **정답** | 55 ②   56 ①   57 ③   58 ③   59 ②   60 ①

01 다음 중 차량의 제원 중 축거의 설명으로 옳은 것은?

① 축거는 앞뒤차축의 끝부분에서 수평거리이다.
② 축거는 앞뒤차축의 중심에서 중심까지의 수평거리이다.
③ 축거는 앞뒤차축의 중심에서 뒷범퍼까지 수평거리이다.
④ 축거는 앞뒤차축의 중심에서 앞범퍼까지 수평거리이다.

해 축거는 앞뒤차축의 중심에서 중심까지의 수평거리를 말하며, 세부사항으로 앞바퀴 중앙 중심에서 뒷바퀴 중앙 중심의 거리이다.

02 정비불량차라는 것은 어느 기준에 따른 것인가?

① 화물운수사업법에 저해되는 자동차
② 도로교통법에 의한 정비되지 않은 자동차
③ 자동차관리법의 안전기준에 적합하지 않은 자동차
④ 자동차 제작이 잘못된 자동차

03 다음 중 암순응을 올바르게 표현되지 않은 것은?

① 밝은 조건에서 어두운 조건으로 변할 때 사람의 눈이 그 상황에 적응하며 시력을 회복하는 것이다.
② 터널 안에 들어가는 주행 시 순간 일시적으로 나타나는 하나의 시각장애를 말한다.
③ 터널 안을 주행하다 터널을 벗어나는 순간의 시각장애를 말한다.
④ 암순응의 온전한 적응은 터널의 경우 통상 5~10초 정도가 걸린다.

04 다음 중 운전 피로에 영향이 될 수 없는 것은?

① 수면 부족 등의 생활환경
② 운행 조건 등의 운전작업상의 요인
③ 법규준수에 대한 부담요인
④ 신체 조건 및 질병 등의 요인

05 브레이크를 반복하여 사용하면 마찰열에 의해 브레이크 파이프 등에 기포가 생기는 현상을 무엇이라 하는가?

① 베이퍼 록(Vapour Lock) 현상
② 스탠딩 웨이브(Standing Wave) 현상
③ 하이드로플레닝(Hydro Planing) 현상
④ 노즈다이브(Nose Dive) 현상

06 다음 중 수막현상이 발생되는 요인과 관계가 없는 것은?

① 주행 속도
② 타이어 공기압
③ 변속 상항
④ 노면의 물의 양

07 운행 중 급제동하면서 노면에 타이어가 끌린 자국인 스키드마크는 타이어가 어떤 상태일 때 나타나는가?

① 타이어가 고정된 상태
② 타이어가 구르는 상태
③ 제동이 되지 않은 상태
④ 핸들 조작이 안된 상태

해 자동차가 운행 중 위험물체를 발견하거나 차량을 정지하고자 급제동을 하는 경우 타이어가 잠기면서 차체(타이어)가 노면에 미끄러지며 타이어 자국을 노면에 발생시키는데 이때 나타나는 흔적을 스키드(Skid mark)라 한다. 이 스카드마크로 사고 당시의 속도를 추정할 수 있다.

08 자동차관리법 자동차인전기준에서 규징하고 있는 트레드 홈 깊이의 규정으로 올바른 것은?

① 1.6mm 이상   ② 2.4mm 이상

③ 3.2mm 이상   ④ 한계선의 의미가 없다

해 타이어 겉 표면에 나타있는 홈을 트레드(trade) 홈 깊이라 한다. 타이어를 사용함으로서 홈 깊이는 낮아진다.

09 주행 중 원활한 핸들 조작과 타이어의 불균형 마모 방지를 위한 앞바퀴 정렬에 포함되지 않는 것은?

① 캠버(Camber)   ② 캐스터(Caster)

③ 토우인(Toe-in)   ④ ABS 시스템

해 ABS(Anti lock brake system) 브레이크는 1929년 영국보쉬에서 개발, 1950년도 항공기에 이용 1972년부터 자동차에 이용. 2012년부터 우리나라에서 의무화되어 작동상태는 1분에 10번 정도 작동됨.

10 다음 중 자동차 등록증에 기재되어 있지 않는 것은?

① 배기량   ② 자동차 제작년도

③ 자동차 차대번호   ④ 안전벨트 장착여부

11 운행 중인 자동차 운전자에 대한 폭력 등에 대한 가중처벌의 내용이다. 틀린 것은?

① 폭행한 자는 5년 이하의 징역 또는 2천만 원 이하의 벌금

② 협박한 자는 5년 이하의 징역 또는 2천만 원 이하의 벌금

③ 폭행 치상케 한 자는 3년 이상의 유기징역

④ 폭행 치사케 한 자는 7년 이상의 유기징역

12 다음 중 뺑소니 사범에 해당하는 것은?

① 횡단보도 보행자를 충격한 운전자가 피해 경미하다는 피해자가 병원에 가기를 거부하므로 차량번호와 연락처를 피해자에게 알려주고 현장을 이탈하였다.

② 무단횡단 보행자를 충격한 운전자가 보행자의 피해가 경미한 것으로 판단하고 그대로 귀가하였다.

③ 3명의 보행자를 충격한 화물차 운전자가 2명의 피해자를 차에 태워 병원으로 후송한 후 나머지 피해자를 후송하려고 현장에 갔으나 피해자를 찾지 못하여 그대로 귀가하였다.

④ 6세 어린이를 충격한 운전자가 어린이가 울면서 병원에 가려고 하지 않고 연락처를 받으려고 하지 않으므로 112 전화신고 후 현장을 이탈하였다.

13 특정범죄 가중처벌 등에 관한 법률 위반(도주차량)에 해당하지 않는 것은?

① 교통사고로 인하여 피해자가 이미 사망한 상태에서 사고운전자가 사고현장을 이탈하여 사고야기자로서 확정될 수 없는 상태를 초래한 경우

② 피해자의 상해여부를 확인하지 않은 채 자동차 등록원부만을 교부하고 임의로 사고현장을 이탈한 경우

③ 교통사고를 야기한 운전자가 피해자를 병원으로 후송한 후 신원을 밝히지 아니한 채 도주한 경우

④ 주차 중인 차를 들이받아 약간 손괴한 자가 피해차량의 주인을 만날 수 없어 주차장 관리인에게 자신의 전화번호와 차량번호를 적어주고 현장을 떠난 경우

| 📖 정답 | 08 ①   09 ④   10 ④   11 ④   12 ②   13 ④

14 도주사고로 처벌할 수 없는 경우이다. 옳은 것은?

① 피해자를 병원 응급실에 구호조치한 후 운전자가 누구인지 알리지 않고 병원을 떠난 경우

② 피해자 일행이 구타, 폭행하려고 하여 이를 피하기 위하여 현장을 떠난 경우

③ 급차로 변경이 원인이 되어 다른 차가 이를 피하면서 사고가 발생한 것을 인식하고도 현장을 떠난 경우

④ 어린이가 아프지 않다고 대답하자 별일 없다고 생각하고 현장을 떠난 경우

15 정비불량으로 위험이 발생될 우려가 있는 경우 정비명령을 내리고 운행을 정지시킬 수 있는 주체는?

① 경찰서장　　　　　② 시장, 군수

③ 지방경찰청장　　　④ 국토부장관

16 자동차 관리법상 자동차 튜닝을 하기 위해서는 누구의 승인을 받아야 하나?

① 국토교통부 장관　　② 시장, 군수, 구청장

③ 지방경찰청장　　　④ 경찰서장

해 튜닝을 예전에는 구조변경이라 하였다.

17 다음 사항 중 올바른 서비스 제공이라고 볼 수 없는 것은?

① 단정한 용모 및 복장

② 공손한 인사와 밝은 표정

③ 친근한 말과 따뜻한 응대

④ 승객의 질문에 무응답

18 승객에 대한 택시운전자의 자세로 볼 수 없는 것은?

① 동일 지명이 여러 곳으로 혼란이 우려되는 경우 다시 확인하기 위해 묻는다.

② 도착까지 예상되는 시간을 사전에 알려준다.

③ 택시를 탄 이유가 무엇인지 물어본다.

④ 출발 시 도착지까지의 예상운행경로를 설명한다.

19 버스정류장 표지판이 설치된 곳에서 승객이 부르면 어떻게 해야 하는가?

① 즉시 승객 앞에 정차하여 승객을 세운다.

② 주변을 확인한 후 정차하려는 버스가 없는 경우에는 버스정류지 앞에서 승객을 태운다.

③ 버스정류지에서 10m 이상 떨어진 곳으로 승객을 유도하여 태운다.

④ 버스정류지 표지판이 설치된 곳으로부터 2m 떨어져 승객을 태운다.

20 승객이 쉽게 볼 수 있게 자동차 안에 게시하여야 할 것이 아닌 것은?

① 자동차 등록번호　　② 회사명

③ 요금표　　　　　　④ 운전자 성명

21 운전자가 지켜야 할 행동이 아닌 것은?

① 과속운전을 하지 않는다.

② 가장 빠른 길을 물어본다.

③ 지그재그 운전을 하지 않는다.

④ 부당한 요금을 요구하지 않는다.

22 고객과의 정중한 인사는 머리와 상체의 각도가 어느 정도인가?

① 신체각도 15°　　　② 신체각도 30°

③ 신체각도 45°　　　④ 신체각도 90°

23 직업운전자가 고객과의 대화시 유의해야 할 사항에 해당되지 않는 것은?

① 욕설, 폭언, 험담을 하지 않는다.
② 상대방의 약점을 함부로 지적하지 않는다.
③ 매사 침묵으로 일관한다.
④ 불평, 불만을 함부로 말하지 않는다.

24 다음 중 고객에게 불쾌감을 주는 몸가짐이라고 볼 수 없는 것은?

① 덥수룩한 수염 및 콧털
② 충혈된 눈
③ 단정한 복장
④ 지저분한 손톱

25 운전자가 가져야 할 기본적 자세라고 볼 수 없는 것은?

① 추측운전
② 교통법규의 이해와 준수
③ 여유있고 양보하는 마음으로 운전
④ 주의력 집중

26 고객만족을 위한 행동예절 중 인사할 때의 마음가짐에 대해 잘못된 것은?

① 정중하게 한다.
② 의례적으로 한다.
③ 밝은 미소로 한다.
④ 경쾌하고 겸손한 인사말과 함께 한다.

27 편도 2차로 이상의 일반도로에서 제한속도 표지판이 설치되어 있지 않을 경우 최고속도는 얼마인가?

① 80km/h ② 70km/h
③ 60km/h ④ 90km/h

28 제한속도 60km/h 도로에서 눈이 20mm 미만 내린 때의 감속 운행 속도로 맞는 것은?

① 48km/h ② 50km/h
③ 30km/h ④ 40km/h

해 눈이 20mm 미만 내린 때의 감속 운행 속도는 규정 속도의 20%를 감속해야 하므로 60km/h에 대한 20%는 12km/h이므로 60km/h - 12km/h = 48km/h 이다.

29 서행의 설명으로 옳은 것은?

① 차가 즉시 정지할 수 있는 느린 속도로 진행하는 것을 말한다.
② 15km/h 이하의 속도로 진행하는 것을 말한다.
③ 차가 완전히 정지된 상태, 즉 0km/h인 상태를 의미한다.
④ 차가 반드시 멈추어야 하되 얼마간의 시간 동안 정지 상태를 유지해야 하는 교통 상황적 의미이다.

30 다음 중 서행하여야 하는 경우에 해당되지 않는 것은?

① 편도 3차로의 다리 위
② 교통정리가 행하여지고 있지 않은 교차로
③ 차로가 설치되지 아니한 좁은 도로에서 보행자의 옆을 통과할 때
④ 비탈길의 고갯마루 부근

31 교통표지 중 다음의 노면표시가 의미하는 것은?

① 오르막 경사면 ② 속도제한
③ 차로변경 ④ 양보지역

32 동일 방향의 교통류 분리 경계 표시에 사용되는 노면표시는 어떤 색상인가?

① 황색　　　　　② 백색
③ 청색　　　　　④ 적색

33 다음 중 안전지대에 대한 설명으로 맞는 것은?

① 긴급자동차만 통행할 수 있도록 갓길에 설치한 도로의 부분
② 횡단보행자 및 차마의 통행안전을 위하여 차도에 설치한 도로의 부분
③ 고장차량 등이 비상주차할 수 없는 지역
④ 노폭이 넓은 도로에서 통행의 원활을 위하여 차도에 설치한 도로의 부분

34 일시정지의 의미에 대한 설명으로 옳은 것은?

① 반드시 차가 멈추어야 하되 얼마간의 시간 동안 정지 상태를 유지해야 하는 교통상황의 의미로서 정지상황의 일시적 전개를 말한다.
② 차가 5km/h 미만의 속도로 진행하는 것을 말한다.
③ 차가 일시적으로 바퀴를 완전히 멈추어야 하는 행위 자체를 의미한다.
④ 차가 즉시 정지할 수 있는 느린 속도로 진행하는 것을 말한다.

35 일시정지를 하여야 하는 경우에 해당되지 않는 것은?

① 가파른 비탈길의 내리막을 내려갈 때
② 정지선이나 횡단보도가 있는 곳에서 적색등화가 점멸 작동하고 있는 때
③ 앞을 보지 못하는 사람이 흰색 지팡이를 가지고 도로를 횡단하고 있을 때
④ 철길 건널목을 통과하고자 하는 때

36 택시를 운전하다가 어린이통학버스를 만나게 되었다. 이때 적절하지 못한 행동은?

① 앞에 있는 어린이통학버스가 정차하여 점멸등을 켜고 있어서 일시정지하였다.
② 중앙선이 없는 도로의 반대방향에서 어린이통학버스가 정차하고 있어서 서행하였다.
③ 어린이통학버스가 천천히 운행하고 있어도 앞지르기하지 않고 뒤에서 천천히 운행하였다.
④ 왕복 2차로 도로의 반대방향에서 어린이통학버스가 정차하고 있어서 일시정지하였다.

37 횡단보도를 횡단하는 보행자로 볼 수 없는 것은?

① 자전거를 끌고 횡단한다.
② 이륜차를 타고 횡단한다.
③ 이륜차를 끌고 횡단한다.
④ 뛰어서 횡단하는 어린이

38 도로교통법의 도로 개념의 설명으로 틀린 것은?

① 도로법에 따른 도로
② 유료도로법에 따른 유로도로
③ 아파트단지 및 학교 내의 도로
④ 농어촌도로정비법에 따른 농어촌도로

39 농어촌 주민의 교통과 생산, 유통을 위해 공용되는 공로(公路) 중 고시된 도로 명칭이 아닌 것은?

① 농도(農道)
② 면도(面道)
③ 사도(私道)
④ 이도(里道)

40 다음 실명 중 무면허 운선행위로 볼 수 없는 것은?

① 운전면허 정지기간 중에 운전한 경우
② 오토차량 운전면허로 스틱차량을 운전한 경우
③ 견인차를 제1종 면허로 운전한 경우
④ 국제면허증을 소지한 외국인이 국내에서 1년이 경과되지 않은 자

41 음주운전으로 면허증이 취소되는 혈중알코올 농도 기준은?

① 알코올 농도 0.08% 이상
② 알코올 농도 0.05% 이상
③ 알코올 농도 0.03% 이상
④ 알코올 농도 0.1% 이상

42 어린이 교통사고의 특징이 아닌 것은?

① 학년이 높을수록 교통사고를 많이 당한다.
② 시간대별 어린이 사상자는 오후 4시에서 오후 6시 사이에 가장 많다.
③ 보행 중 교통사고를 당하여 사상당하는 비율이 절반 이상으로 가장 높다.
④ 보행 중 사상자는 집에서 2km 이내의 거리에서 가장 많이 발생되고 있다.

43 운전자의 시각 특성에 의해 교통사고가 가장 많이 발생하는 시간대는?

① 해질 무렵   ② 밤중
③ 새벽   ④ 낮

44 엔진브레이크에 대한 설명이다. 잘못된 것은?

① 내리막길에서는 풋브레이크와 엔진브레이크를 같이 사용하면 위험하다.
② 엔진브레이크는 구동바퀴에 의해 엔진이 역으로 회전하는 것과 같이 되어 그 회전 저항으로 제동력이 발생한다.
③ 고단기어에서 저단기어로 바꾸면 엔진브레이크가 작용하여 속도가 떨어지게 된다.
④ 가속페달을 밟았다 놓으면 엔진브레이크가 작동하여 속도가 떨어지게 된다.

45 직접 운전하기 위해 사업면허를 받은 자가 여객을 운송하는 사업은?

① 개인택시운송사업
② 전세버스운송사업
③ 법인택시운송사업
④ 시내버스운송사업

46 다음 중 노선을 정하여 여객을 운송하는 사업은?

① 일반택시운송사업
② 개인택시운송사업
③ 전세버스운송사업
④ 마을버스운송사업

47 다음 중 택시요금의 할증적용시간으로 맞는 것은?

① 01 : 00 ~ 05 : 00
② 22 : 00 ~ 05 : 00
③ 00 : 00 ~ 04 : 00
④ 00 : 00 ~ 05 : 00

| 📖 정답 | 40 ④   41 ①   42 ①   43 ①   44 ①   45 ①   46 ④   47 ③

48 영업용 차량에 운행기록계를 설치하지 아니하고 운행하는 경우 범칙금과 벌점은?

① 범칙금 4만 원, 벌점 10점

② 범칙금 4만 원, 벌점 15점

③ 범칙금 6만 원, 벌점 10점

④ 범칙금 6만 원, 벌점 15점

해 속도제한장치 또는 운행기록계가정상적으로 작동되지 아니하는 상태에서 자동차를 운행한 경우 사업자에 대한 과징금은 1차 60만 원, 2차 120만 원, 3차 이상 180만 원이 부과된다.

49 여객자동차 운수사업법상 승차거부로 1년 이내에 2차 적발 시 택시운전자격정지 처분일수는?

① 10일　　　② 20일

③ 30일　　　④ 40일

50 여객자동차 운수사업법령에서 규정한 운전자가 정당한 사유 없이 교육을 받지 않았을 때 자격증 처분 내용은?

① 자격정지 5일　　② 자격정지 10일

③ 자격정지 15일　　④ 자격 취소

해 운수종사자의 교육의 종류는 신규교육, 보수교육, 수시교육이 있다.

51 다음 중 차량별 차령이 잘못 연결된 것은?

① 개인택시 2,400cc 미만 - 7년

② 개인택시 2,400cc 이상 - 9년

③ 일반택시 2,400cc 미만 - 4년

④ 일반택시 2,400cc 이상 - 8년

해 일반 택시로서 2,400cc 이상(전기자동차 포함)은 차령이 6년이며, 개인택시로서 경형과 소형의 차령은 5년이며, 일반택시로서 경형과 소형의 차령은 3년 6개월이다.

52 택시운전자가 부당한 운임 또는 요금을 받는 행위를 한 경우 다음 중 바르게 나열된 것은?

① 2차위반 : 경고, 3차위반 : 자격정지 10일

② 2차위반 : 자격정지 10일, 3차위반 : 자격정지 20일

③ 2차위반 : 자격정지 30일, 3차위반 : 자격취소

④ 2차위반 : 자격정지 50일, 3차위반 : 자격취소

해 택시발전법 운전 종사자격의 취소 등 처분기준의 규정에 의해 부당한 운임 또는 요금을 받는 행위를 한 경우에는 1차위반 경고, 2차위반 자격정지 30일, 3차위반 자격취소에 처한다.

53 응급조치의 정의를 올바르지 않게 설명된 것은?

① 전문적인 의료행위를 받기 전에 이루어지는 조치이다.

② 즉각적이고 임시적인 조치이다.

③ 부상자를 보호하고 고통을 덜어주려는 조치이다.

④ 의약품을 사용하여 부상자를 치료하는 조치이다.

54 다음 중 응급환자구조라고 볼 수 없는 것은?

① 응급처치

② 환자에게 안정감 제공

③ 응급환자 이송

④ 사고 처리

55 택시운전자가 응급환자 수송 등 긴급상황의 경우에도 면책되지 않는 것은?

① 끼어들기

② 신호위반

③ 속도위반

④ 충돌사고

| 📖 정답 | 48 ① 49 ② 50 ① 51 ④ 52 ③ 53 ④ 54 ④ 55 ④

56 차량의 잎 범퍼로 보행사를 충돌하였을 경우에 나타나는 신체 상해가 아닌 것은?

① 파열상   ② 좌상

③ 찰과상   ④ 역과상

🖼 역과란 차량(타이어)이 신체를 밟고 넘어간 상태를 말하며 역과상이란 이로 인해 신체에 상해를 입힌 것을 의미한다.

57 사상자가 발생한 교통사고인 먼저 취해야 할 행동은?

① 사망자의 시신 보존

② 회사 또는 보험회사 담당자에게 신고

③ 경찰서에 신고

④ 부상자 구출

58 LPG 자동차의 가스누출 시 대처순서로 올바른 것은?

① 연료출구밸브 잠금 → 필요한 정비 → 엔진 정지 → LPG 스위치 잠금

② 필요한 정비 → 엔진 정지 → LPG 스위치 잠금 → 연료출구밸브 잠금

③ 엔진 정지 → LPG 스위치 잠금 → 연료출구밸브 잠금→ 필요한 정비

④ LPG 스위치 잠금 → 필요한 정비 → 연료출구밸브 잠금 → 엔진 정지

59 LPG 차량에 대한 설명으로 올바른 것은?

① 가스충전밸브(녹색)는 충전 시에 대비하여 항상 개방된 상태로 운행한다.

② 가스를 충전하기 전에는 이물질이 들어가지 않도록 충전구를 물로 청소한다.

③ 적색의 액체 출구밸브는 연료 절약을 위하여 조금만 열고 운행한다.

④ 액체출구밸브(적색)는 완전히 개방한 상태로 운행하여야 한다.

60 버스정류장 표지판이 설치된 곳에서 승객이 택시를 불렀을 때의 조치방법은?

① 즉시 승객 앞에 정차하여 승객을 세운다.

② 주변을 확인한 후 정차하려는 버스가 없는 경우에는 버스정류장에서 승객을 태운다.

③ 버스정류장에서 10m 이상 떨어진 곳으로 승객을 유도하여 태운다.

④ 버스정류장 표지판이 설치된 곳으로부터 3m 떨어져 승객을 태운다.

박래호

| 약력 및 경력

- ﾠ現ﾠ교통사고분석감정원 원장
- ﾠ現ﾠ한국지식개발원 교수
- ﾠ現ﾠ한국특수행정학회 교수
- ﾠ現ﾠ보험인스TV 아카데미 전임교수
- ﾠ現ﾠ서울교통문화교육원, 인천교통연수원, 경기교통연수원 전임강사
- 경기대학교 대학교 서비스경영전문대학원 외래교수
- 공정거래위원회 소비자원 분쟁조정위원회 위원
- 한국안정성본부 자동차사고연구소 소장
- 경기지방경찰청 교통사고민간심의위원회 부위원장
- 경기지방경찰청 운전면허행정처분 심의위원회 위원
- 경찰종합학교(교통사고 조사반 과정) 강사
- 국방대학원, 보험감독원, 보험연수원 강사
- 국토교통부 T/F팀 전문위원, 환경청 기술자문위원
- 국가기술자격 검정위원, 손해사정사 시험출제위원
- 동부화재(주) 보상본부 실장
- 전국자동차검사정비연합회 상무이사
- 법원촉탁에 의한 교통사고 분석감정.분석 다수

| 방송

- KBS TV 『안전운전365일』 프로그램 진행
- KBS Radio 『가로수를 누비며』 프로그램 진행
- MBC 『자동차는 내 친구』 프로그램 진행
- TBS 『자동차 컬럼』 프로그램 담당
- 경인방송 『자동차 사고 상담』 프로그램 담당

| 저서

- 『자동차공학』, 『일반기계공학』, 『자동차백과』, 『자동차정비시리즈』, 『오너드라이버 백과』
  『자동차정비 기기 취급요령』, 『자동차정비 총정리』, 『손수 운전자의 벗』, 『자동차사고감정공학』
  『도로교통사고감정사 시리즈』, 『손해사정사 보험실무 교통사고 처리』, 『교통사고 해결』

2026 유튜버 박래호 택시운전 자격증 족집게 시험 문제집

발행일ﾠﾠ2023년 4월 30일(초판)
ﾠﾠﾠﾠﾠﾠﾠﾠ2026년 1월 2일(개정판)

발행인ﾠﾠ조순자
편저자ﾠﾠ박래호
디자인ﾠﾠ백진주
발행처ﾠﾠ인성재단(지식오름)

정 가ﾠﾠ13,000원ﾠﾠﾠﾠﾠﾠﾠﾠ**ISBN**ﾠﾠ979-11-7491-035-6